奧田弘美——著

賴惠鈴——譯

我心態好好

奧田醫師寫給工作壓力大的你，
請重新調整心態

前言

　　上班族從上班第一天開始，就經常伴隨著巨大的壓力。

　　不同於自由工作者或本身具有決定權的經營者，身為朝九晚五的上班族，隨時都要面對「組織的壓力」。

　　在公司組織內工作的人，通常都是「無法做自己想做的事、感興趣的工作」，這點可以說是很常見。

　　就算運氣好，可以做自己想做的事，經常也會陷入「受到主管及顧客的干涉，無法依照自己的方法做事」、「其他人不合作，無法得到自己想要的成果」等進退維谷的窘境吧。

　　亞洲社會通常具有極強大的「同儕壓力」，無時無刻都要求員工壓抑個人的意志或情緒，以組織的「人和」為優先。

　　工作時必須經常吞回想說的話，笑著面對所有人。有時也會覺得很不合理「那傢伙做了那麼過分的事，為什麼都沒有人抗議？」、「那傢伙明明毫無建樹，為何還會受到吹捧？」另一方面還要默默忍氣吞聲地接受，公司內部令人萬般無奈的規定或習慣，絲毫不懂「為什麼要做這種浪費人力物力卻毫無效率的事」。

　　根據日本厚生勞動省 2018 年進行調查的結果顯示，對工作及職業生涯感到強烈壓力的人，二十至三十歲的比例為 57.6%、三十至四十歲的比例 64.4%、四十至五十歲的比例為 59.4%、五十至六十歲的比例為 57%，可見無論哪個年紀，備感壓力的人都超過一半以上。

　　至於壓力的來源，各年齡層排名第一都是「工作的質、量」，其次是「人際關係」及「工作失誤、責任歸屬」，以上分別占了前三名。

　　除了以上的狀況，再加上 2020 年爆發了世界級規模的新冠疫情，工作的環境及人際關係也都因此產生巨大的變化。為了不讓疫情擴散，群聚的機會減到最低，急速推動遠距上班的工作型態，因此組織內的人際關係變得愈來愈薄弱。

　　我是精神科的專業醫生，從十年前開始就以「產業醫師」

為主要工作內容。現在擔任約二十家公司的產業醫師，協助許多上班族保持身心健康的狀態。經歷過新冠疫情之後，我深刻地感受到上班族的壓力非但沒有減輕，反而增加了。

以產業醫師的身分與我負責的公司員工面談時，不少人都反應「在家工作後，身體固然變得輕鬆許多，卻無法與同事及主管取得順暢的溝通」、「變得無法輕易提出問題，導致有問題都憋在心裡」、「幾乎見不到人，感覺很孤獨」。

社會上也出現了「遠端騷擾」（remote harassment）這種新的名詞。

本來曾經一度下降的自殺人數也轉為上升了，內心生病的人愈來愈多。

考慮到壓力愈來愈大的現實，就算現在很有活力，也必須做好心理準備，難保「心靈危機」不會隨時找上自己，要提前做好迎戰。

根據我的經驗，每位上班族從進公司到退休，至少會陷入三次「心靈危機」（為什麼是三次，看完本書就知道了）。

手裡拿著這本書的各位當然也不例外。

這本書裡舉出了我在當產業醫師時，遇見的各式各樣「心靈危機」具體事例，為大家說明「如何思考」、「如何照顧自

己的身心」，希望能幫助各位不被壓力打敗，健康地繼續在公司裡工作下去。

　　正所謂有備無患！希望本書能幫助各位及各位身邊的人都能保持身心健康，永遠神采奕奕地活躍在第一線。

目錄

（ 第三部 ）

身心都變得輕鬆了！

第一部

為什麼
「上班好痛苦」？

在公司工作的人，幾乎沒有人敢說自己「毫無壓力」，光是隸屬於組織，就會感受到壓力。

對於上班族而言，最大的「壓力源」或許就在於公司本身。為何大多數人都覺得「上班好痛苦」呢？

根據我多年來身為精神科醫生、產業醫師的經驗，我發現有「六個關鍵原因」，是勞工痛苦的來源：分別是【同儕壓力】、【過度緊張】、【變化壓力】、【成果壓力】、【人際關係的壓力】、【遠端工作】這六個。

在公司裡只要稍微跟別人有點不一樣就會受到非議的【同儕壓力】。隨著科技進步，做事愈來愈有效率的同時，也因為太忙碌而導致自律神經失調的【過度緊張】。因為升職或調動、私生活的結婚或生產等變化而導致壓力倍增的【變化壓力】。工作的質、量都被要求表現出更高水準的【成果壓力】。以職場霸凌、性騷擾、

道德綁架為代表的【人際關係的壓力】。以及最新的壓力源，非常棘手的【遠端工作】。

　　接下來將為各位解說這六種壓力的內容與對策。看完第一部後，應該會覺得「原來如此，原來是這樣啊！」同時也覺得肩膀上的壓力似乎少了點。

01 | 同儕壓力
重視「人和」反而造成壓力！

為何每個人都有壓力？

現如今，如果你問在公司上班的人：「有沒有壓力？」我猜應該沒有人會回答「沒有」吧。

正在看這本書的各位平日肯定也多多少少感受到壓力吧。

身為產業醫師（編注❶），我的工作就是跟各年齡層的上班族「面談」。一路面談下來，發現無論年紀多大，無論職位為何，上班族都會感受到在組織裡工作的壓力。

---

❶ 產業醫師，日本政府要求企業正式職工達 50 人以上，就必須配置產業醫師，負責對員工進行健康指導和診斷，並改善作業環境，類似於台灣的勞工健康服務醫師。

從他們／她們說的話不難聽出，**「同儕壓力」通常是很大的壓力源**。

日本人的民族性就是會給人很大的同儕壓力，組織非常重視「人和」。「人和」乍聽之下是很動人的詞彙，但如果要在組織裡保持「人和」，個人的「意願」與「理想」必定會受到壓抑。

也有很多上班族幾乎快被這種同儕壓力壓垮，苦不堪言，身心都受到重創。曾與我面談的人當中，就有人說他／她受到以下的同儕壓力。

▼「當我建議或許可以縮短開會時間，如何可以更有效率，前輩罵我：『這不是菜鳥該說的話吧。』還不讓我參加會議。」

▼「我犧牲中午休息時間，不跟同事聊天，努力工作，爭取到大筆的訂單，受到主管表揚。沒想到從此以後，同事聚餐就再也不找我了。」

▼「人事部要我們盡量消化年假，所以我妥善地調整工作之後，加上週末，請了長假。結果遭同事抱怨：『本部門有個不成文規定，沒有人會請那麼長的假啦。』」

只是稍微提不同意見
就遭到排擠！

要是採取跟以前或其他人不一樣的作法，不是直接挨罵，就是引起周圍其他人的反感，總之一定會受到壓力。為此而感到苦惱的人比我想像中還多。

另一方面，施加壓力的人心裡是這麼想的。

▼「我一直小心翼翼地觀察周圍人的臉色，心裡有話也不敢說，為什麼他居然可以想說什麼就說什麼，還受到主管的器重。真氣人！」

▼「我一直很重視職場上的和諧，工作再忙也勉強擠出時間與大家共進午餐，他居然完全不在乎這些繁文縟節，自己想怎樣就怎樣。真是太可恨了！」

▼「我一直不敢請假，怕給同事添麻煩，居然他敢厚顏無恥地一再請假。就算沒有對工作造成影響，但這樣合理嗎？」

我們自從懂事的時候起，在幼稚園或小學裡就被教育最重要的是「跟大家當好朋友」、「不可以任性」、「不能吵架更不能打架」，我們是在這種背景下長大成人的。

自從實施「寬鬆教育」後，學校看似也開始實施重視「個性」的教育，確實越來越重視「個人的能力」了，但在集體生活中，還是被教育「不能破壞和諧」為首要條件。另一方面，校方從各方面入手，打破「競爭」的要素，但「必須與所有人變成好朋友，採取相同的行為」的壓力卻反而比以前更強烈。

　　我實際面談過的員工裡，反而是二十～三十歲的年輕人最重視「察言觀色」，感覺很多人都有「不想隨便引人注意、不想當出頭鳥」的想法。

　　總而言之，在學校生活及社團活動、與朋友相處等大大小小的場面，都存有著「少數必須服從多數派，不要一個人擅自行動」的不成文規定。即便長大後進入公司工作，只要有人提出反對意見，或是獨自採取跟其他人不一樣的行動，就會有人在私底下或甚至公開被前輩或同儕批評、排擠：「那個人好任性」、「真不會看臉色」，有時候還會受到主管的叱責。

稻作地區比麥作地區的人
更容易出現「霸凌」!?

許多研究證明：日本人很容易產生同儕壓力。

根據社會心理學的研究，日本人還保留強烈的「農村社會的民族性」，自古以來基於稻作文化的傳統，為了保持團體的和諧，不予許個人擅自行動。

舉例說明，根據美國維吉尼亞大學的湯瑪斯‧托爾赫姆博士的研究小組 2014 年在《科學人》期刊發表的研究結果指出，稻作地區的人比麥作地區的人更具有集體主義、極權主義的傾向。提出稻作地區的勞動量較大，必須與左鄰右舍通力合作，因此彼此間的依賴性極強；反之，栽培小麥的地區傾向於自立自強、分析思考的結論。

換句話說，以栽培稻米立國的日本，習慣將組織和集體利益擺在個人前面，因此人們很容易受到集體主義的氣氛左右。

可悲的是，有不少研究報告指出，相較於歐美人，日本人的民族性更容易出現「霸凌」。

以大阪大學社會經濟研究所（當時）的西條辰義教授等人

所做的實驗為例，結果顯示日本人比美國人或中國人更傾向於「不惜自損八百，也要傷敵一千」。順帶一提，美國人或中國人則看重「減少自己的損傷」，更甚於「增加對方的損傷」。

西條教授等人為這種「不惜自損八百，也要傷敵一千」的行為取名為「惡意（壞心眼）行為」。

自 2020 年起將全世界搞得天翻地覆的「新冠疫情」，在日本出現了「**自肅警察**」及「**口罩警察**」（編注 ❷），他們恣意找碴的行為已經到了異於常人的地步，引起廣泛討論，深怕自己受到傳染的人不惜跑到可能充滿病毒的街上，只為了找商店或別人麻煩，正是不折不扣的惡意行為。

首先，我們必須徹底地理解到，「不能只讓某個人得利」、「不能只讓某個人好過」這類的惡意一旦聚集起來，結果就會在組織單位內產生沒有建設性的同儕壓力。

我在精神科門診看過的患者中，很多人都說「我不認為新冠肺炎的病毒真有那麼可怕，但還是遵照政府及公司的吩咐，

---

❷「自肅警察」及「口罩警察」：新型冠狀病毒感染症（COVID-19）疫情下，日本當局依發出緊急事態宣言，有一群普通民眾出於自我認知的正義、忌妒或不安感，自行監管或攻擊那些不遵守規定而繼續外出的個人或繼續營業的商店。

待在家裡，不敢出去吃飯。所以看到興高采烈地在外面吃飯的人會覺得非常生氣、怒火中燒，忍不住瞪他們一眼」。

這也是惡意的想法，但就算撇開疫情不談，公司裡也充滿了這種惡意的想法。剛才介紹的「我一直在忍耐，那個人卻敢暢所欲言，不可原諒」、「居然有人敢厚顏無恥地一再請假，這樣合理嗎？」就是這種壞心眼的思考模式。

日本人很容易出現這種心態，導致容易產生同儕壓力。相較於著重個人主義的歐美各國，日本社會有「令人窒息的社會」之稱。

因此很多人為了不要受到惡意行為的攻擊，平常會隨時留意周圍的眼光，也盡量不與同儕壓力唱反調，謹小慎微地活著。

如何在同儕壓力下沒有壓力地工作？

為上班族，工作上無論如何都避免不了上述的同儕壓力。

在評論家佐藤直樹與演出家鴻上尚史共同撰寫的《同儕壓力：日本社會為何令人喘不過氣來》（講談社出版）中也寫到

「沒有任何特效藥能一口氣消除同儕壓力」，強調了解同儕壓力的「真實面貌」相當重要。

「年輕人別太囂張」、「大家都在忍耐，你憑什麼請假」，主動覺察這些人是故意找碴，正是所謂的同儕壓力，是非常重要的第一步。

為了盡可能沒有壓力地在公司工作，要經常提醒自己「盡量不要產生惡意的情緒」、「不要隨波逐流做出惡意的行為」。

因此盡可能不要加入充滿惡意、會給人帶來同儕壓力的團體，也是保護自己的方法之一。

常言道：「物以類聚」，會做出惡意行為的人，也會吸引同樣心懷惡意的人，形成小團體。

這點不止公司，地方上的社區、學校的家長會、有共同興趣的一群人也一樣。我在醫院及家長會之類的組織也遇見過伙伴間互相說彼此壞話的小團體。

然而，要不要加入那些小團體，則是個人的選擇。

當然，如果不加入這個封閉的小團體，可能就會是孤零零的一個人，所以我也能理解那些想團體行動者的心情。

在外人眼中或許會覺得團體裡關係緊密的人看起來很團結、很開心的樣子，但是為了成為團體中的一員，通常必須承受強

大的同儕壓力。一旦脫離那個團體，就算只有一次，也會被貼上「叛徒」的標籤，開始受到攻擊，有時候還會被孤立、被排擠。

「保持一定距離」的話
壓力會小一點

保持一定的距離

正因為如此，從長遠的角度來看，保持一定距離、不要加入某個團體，壓力會比較小。

公司會要求員工「一步一腳印地完成上級交給自己的工作」，因此只要抱著「在職場上不需要跟每個人都混得特別熟，也不需要總是同進同出」的心態，或許就能確保自己不容易受到同儕的壓力。

上班族要待在哪個單位是由公司決定。如果非得跟會帶給自己同儕壓力的小團體一起工作不可，有時候抱著「就算被討厭也沒關係」的心態坦然面對，也是很有效的作法。

公司最終判斷的是「那個人對公司的業績有沒有幫助」。跟學校或家長群的小團體不一樣，相較於個人成績，他們更重視學生跟周圍的人關係好不好、有沒有協調性。（當然，如果協調性差到影響其他人工作，導致職場陷入混亂，業績再好也沒用）。

以前與某家公司業績非常好的王牌業務員面談時，他說了一句令我印象非常深刻的話。

他說：「我壓根兒也沒想過要跟周圍的同事齊頭並進，打好關係。對於自己不想做的事，我會斬釘截鐵地拒絕。我不會主動破壞組織的和諧，但也不會勉強自己去配合我認為不合理

的事。當然也有人會對我施加同儕壓力，但與其浪費時間在意這種事，我寧願盡全力增加一萬元的營業額。因為那樣對公司還比較有幫助。」

他之所以能說得如此胸有成竹，或許因為他是靠業績說話，個人的實力能確實受到評價的業務員。但我認為，不深入職場的人際關係、不追求友情那種強烈的連帶感，「實事求是、公事公辦」其實是避免受到同儕壓力的祕訣。

當然，有些工作的內容無論如何都必須與其他人協作。所以或許也有人擔心「我沒有信心交出周圍都能認同的漂亮成績單」、「老實說，我的個性比較膽小，害怕被孤立」。儘管如此，只要站在「保持一定距離」的立場來面對工作，與會帶給自己同儕壓力的小團體維持不深交，就能在組織裡存活下去。除此之外，本書第五章還會介紹「與職權騷擾、職場霸凌有關的知識」，以備不時之需的時候可以用來保護自己。

身處職場，我們很難完全避免同儕壓力，但是保持以上列舉的想法及態度，就能盡量將同儕壓力的影響降至最低，這點非常重要。

02 | 過度緊張
「想著工作的事而睡不著」
是很危險的訊號

會發展成失眠或抑鬱的
「過度緊張」

我與許多上班族的面談後，發現這二十年來有愈來愈多人陷入「過度緊張」的狀態，認為自己心理出狀況或身體不舒服。

所謂「過度緊張」，指的是「自律神經的交感神經處於過度緊張的狀態」。

自律神經分成白天讓血壓上升、脈搏變快，讓身心維持在緊張狀態，好積極活動的「交感神經」，與夜晚讓身心放鬆，有助於安穩入眠的「副交感神經」。兩者在取得平衡的情況下運作，就像車子的兩個輪胎，白天開機時由交感神經主導，回家

後放鬆呈關機狀態，則由副交感神經主導，用以調節身心的緊張與放鬆。

但是近年來，兩者的調節作用日趨紊亂，身體長期處於由交感神經做主，亦即長期處於緊張狀態的人急速增加。

我在進行心理諮商及診療的過程中發現，「過度緊張」是造成身體不舒服最主要的原因。

過度緊張初期的徵兆如下所示：

▼ 即使回到家，還是滿腦子都在想工作或職場上的事，靜不下心來。

▼ 即使躺在床上，白天時主管（或同事、客戶）說的話依然縈繞在耳邊，揮之不去。

▼ 明天該做的事堆積如山，一直被時間追著跑，即使做夢也好像都在工作。

也就是說，很在意工作或職場上的事，「完全無法休息」、「很難放鬆」、「經常感到心浮氣躁」、「很容易感到莫名的焦慮不安」。

當這些問題變得嚴重，就會出現失眠的症狀。

▼ 躺在床上好幾個小時仍睡不著。

▼ 即使睡著，也一直做與職場或工作有關的夢，半夜醒來好幾次。

▼ 明明才剛入睡，但一旦睜開眼睛就再也睡不著了。

當一週出現好幾次上述的失眠症狀，就會進入下一階段「抑鬱狀態」，距離憂鬱症只剩一步之遙。

▼ 到了早上仍無法消除疲勞，全身倦怠。

▼ 提不起勁去上班，心情沉到谷底。

▼ 到了公司也無法專心工作，腦子昏昏沉沉。

▼ 無論做什麼事都不開心，提不起興致。

各位是否也有先是過度緊張，然後失眠，最後陷入抑鬱的經驗呢？

凡是在充滿壓力的社會工作，任何人都可能有過度緊張的經驗。就連身為醫生的我也有過度緊張的自覺症狀。凡事一絲不苟又神經質的人、不願對任何事妥協的完美主義者，或許都是特別容易過度緊張的人，所以一定要注意。

睡不著是過度緊張的訊號

科技助長了緊張焦慮感

「日新月異的科技發展」是過度緊張在上班族之間橫行的原因之一。

根據一份日本厚生勞動省整理的研究報告指出，行動電話的普及率自1990年代後半開始急速竄升，2000年為52.6%、2009年一口氣飆升到91%。而網路也一樣，自1990年代後半開始加速普及，以員工超過一百人的企業規模來說，2000年以後的普及率幾乎達到百分之百。

另外根據政府的消費動向調查，智慧型手機在2020年的普及率已超過日本全國人口的八成，二十～五十歲的手機普及率高達95~98%。

科技進步讓人們的生活發生了翻天覆地的變化。無論在工作上還是私生活都變得很方便、有效率，這固然是一件可喜的事，但是對身心也出現了負面的影響。

隨著高科技帶來的高度效率化，我們的日常生活不再有「零碎、閒餘的時間」，也不再有悠閒的時間餘裕。

無論出差還是洽公，透過科技的功能一下子就能找到以最

有效率的路線轉乘交通工具抵達目的地的方法。但是反過來說，這也等於再也不需要預留時間了，利用工作與工作間的空檔稍微喘口氣的時間也漸漸消失。

　　過去在類比電腦的年代，搭乘交通工具移動時，通常得多抓一點時間，提早出發，先到對方公司附近的咖啡廳或公園的長椅上打發時間，等到約好的時間再準時上門。即使與別家公司的洽商提早結束，也能偷得浮生半日閒，「回公司前先稍微休息一下吧」，藉此消除工作上的疲勞。

　　另一方面，在還沒有行動電話的時代，只要踏出公司一步，就連主管也無法掌握下屬的行蹤。然而今時今日，所有的行程都得放在網路上管理、分享，誰在哪裡做什麼一目瞭然。「零碎時間」很容易被視為打混摸魚，但其實「零碎時間」具有離開工作，放鬆大腦和身體的效果。

　　若一直思考複雜的問題、隨時都處於緊鑼密鼓地你來我往的緊張狀態，任何人都會累到不行。

　　順帶一提，「你能二十四小時處於備戰狀態嗎？」的營養飲料廣告標語在 1980 年代尾聲到 1990 年代初期廣為流傳。在那個時代，認為「長時間工作是美德」，但是想也知道，要是二十四小時不眠不休地工作，任何人都會過勞死。當時的上班

族只能善用類比式的時間中自然產生的「零碎時間」來緩解緊張。

但現在已經沒有用來緩解緊張，彌足珍貴的「零碎時間」，身為產業醫師，面談時也有不少員工抱怨「感覺永遠被時間追著跑」、「待辦事項一直從天上掉下來，連吃午飯的時間也沒有」。

科技化減少了浪費時間的漫長會議及加班，有助於提升工作效率雖然可喜，但是高科技無疑也讓工作業務的密度過高了，毫無喘息時間，導致人們過度緊張。

「開機」與「關機」的界線消失了！

很容易過度緊張的原因不只是因為「零碎的時間」消失而已。

拜科技所賜，我們隨時都能經由網路與全世界接軌，可以二十四小時不間斷地接收到各種資訊，也因此隨時隨地都能工作。

不分白天黑夜，隨時隨地都能透過行動電話或電子郵件、網路聊天室與主管或下屬、客戶保持聯繫。

如果是在外商公司上班，無論清晨或深夜都能在自己家裡頻繁地與海外的人開會。

一言以蔽之，這種情況也意味著開機與關機的界線消失了。

透過電腦或智慧型手機等高科技產品，開機（工作，ON）與關機（休息，OFF）的界線愈來愈模糊，即使深夜或假日也無法擺脫工作的人愈來愈多。

前來面談的員工說，他們都出現了以下這些頭痛、心悸、暈眩、清醒到難以成眠等症狀。

▼「我是負責統籌店鋪的區經理，所以假日也經常接到店裡打來的電話。因為實在太常打來了，連假日都無法好好休息，每次電話一響就會覺得膽戰心驚，心跳得好快。」，久而久之就變成心慌、心悸。

▼「不分深夜或假日都會收到主管與工作有關的信。雖然主管說：『我只是剛好想到，怕忘記，所以馬上寫信給你，你不用馬上回也沒關係。』但我總是忍不住打開來看，忍不住馬上回信。最近剛展開一個新的專案，所以信件有如雪片般飛來，已經不只一次因為回信而導致睡眠不足了。每次信件的通知響起，我都會覺得心浮氣躁，

即使到了晚上也翻來覆去睡不著。」

「跳槽到外商公司後，半夜或清晨都要跟國外開會。這麼一來就醒了，即使開完會也無法再入眠，變成慢性的睡眠不足，原本就有的頭痛惡化了，白天也經常犯錯。」

以上是開機與關機的界線消失後變得過度緊張的典型案例。

✦
社群軟體帶來意想不到的壓力

最近有愈來愈多人利用這二十年來迅速普及的臉書及推特、LINE 等社群軟體（SNS）日以繼夜與外界溝通。

事實上，<u>這種利用社群軟體的交流也是引起過度緊張的主要原因之一。</u>

因為大部分的社群軟體皆與面對面的交流不同，既看不見對方的表情，也聽不到對方的聲音，很容易讓對方產生誤會或誤解。

還以為與對方意氣投合，不料只因為一點小事就受到嚴厲

的批評，還被對方說得很難聽……各位是否也有過類似的經驗？

▼「只是寫下自己對那則新聞的意見，沒想到會換來持反
　對意見的人一堆反擊的留言，嚇我一大跳。而且對方還
　死纏爛打，害我氣到睡不著。」

▼「原本只是想鼓勵對方，寫下『可能是你想太多了，放
　輕鬆』的留言，沒想到反而激怒對方『想太多是什麼意
　思？你是說我有被害妄想症嗎？』害我大受打擊，當天
　晚上什麼也做不了。」

另一方面，可能也會因為看到有人上傳快樂的照片或文章，
卻刺激自己的負面情緒，為此感到不開心。

▼「工作上出了差錯，正感到憂鬱時，偏偏又在社群軟體
　上看到朋友升職的得意貼文，更加覺得自己很沒出息，
　那天晚上翻來覆去地睡不著。」

▼「一個人生活，覺得很寂寞，打開社群軟體，看到朋友
　上傳和別的朋友打打鬧鬧的照片，覺得更寂寞了，忍不
　住落淚。」

到了晚上，當副交感神經占上風，肌肉鬆弛至恰到好處的程度，身心也同時進入悠閒、放鬆的模式時，一旦產生負面的情緒或憤怒的心情，就會立刻恢復成緊張狀態。經常因此失去了寶貴的休息時間，也降低睡眠品質。

回顧過去，在那個還沒有行動電話的時代，下班回家，與外界的通信手段只剩下家用電話。而且家裡只有一台電話，所以除非是非常親近的人或有什麼緊急的事情要聯絡，否則晚上幾乎都不會接到電話。

我記得父母也教過我：「入夜後不要隨便打電話給別人」。

相較於現今社會的社群軟體廣為普及，三更半夜也能跟不特定多數的人溝通，以前那個傳統時代的夜晚要來得安靜多了，下班後身心也能得到放鬆。

長時間使用電腦或手機導致身體不舒服

各位一天花幾個小時在電腦或智慧型手機上呢？

現今大概有很多人在職場上的工作幾乎都是操作電腦的文

因為社群軟體捲入
意想不到的風波中

唉！今天工作時不小心
犯錯了……♪

讚‧回覆

今天這件事你也有
不對吧！

書工作。離開工作的休息或通勤時間也都拿來玩手機的更是不在少數，而長時間持續使用這些高科技產品會對身心造成不良的影響。因此許多人都有稱之為 VDT 症候群（Visual Display Terminal 症候群）的症狀。

造成 VDT 症候群的原因是過度使用電腦或智慧型手機等電子產品，引起眼睛疲勞、肩膀痠痛、頭痛、腰痛、倦怠、暈眩等症狀。

使用電子產品的時間愈長，全身的血液循環愈差，肩膀、脖子、手臂、背部的筋肉就愈緊繃，痠痛或疲勞的症狀也愈來愈嚴重。而且因為一直近距離凝視螢幕，眨眼的次數減少，過度使用視神經，眼睛疲勞及乾燥的症狀也日益惡化。

如此一來，甚至會出現暈眩、眼睛痛、頭痛、腰痛、背痛症狀，甚至影響到工作，再繼續惡化下去，還可能會產生失眠及全身倦怠、發低燒、心浮氣躁、抑鬱等嚴重的症狀。

根據日本厚生勞動省 2008 年的調查，因為使用電子產品而感到身體疲勞等症狀的人高達 68.6%。至於症狀的內容，「眼睛疲勞、疼痛」的人為 90.8%、「肩頸僵硬及疼痛」的人為 74.8%、「腰痛、疲勞」與「背痛、疲勞」、「頭痛」的人也各有 20% 以上（多選）。此外，因為使用電子設備而感到精神上

有壓力的人多達 34.6％。

各位是否也有以上的症狀？

既然如此，如果想預防因為過度使用電子產品而導致身體不舒服，該怎麼做才好呢？

事實上，日本厚生勞動省在 2002 年就已制定了使用電腦等電子產品的指南。提出以下的標準：

▼ 不要持續作業超過六十分鐘，每超過六十分鐘就要休息十～十五分鐘。

▼ 視狀況隨時停下來休息一下，以縮短連續作業的時間。

▼ 為了防止腰痛或肩膀僵硬，不要長時間保持相同的姿勢。

只是能遵守以上的指南，在工作時充分保留休息時間的人肯定少之又少吧。

就算我曾以產業醫師的身分要求大家：「指南中明文規定使用電子產品作業時每隔六十分鐘就要休息一下」，通常也只會得到：「那麼頻繁離開電腦的話，根本不能工作了」、「專心工作的時候，三個小時一眨眼就過了」的反應。

順帶一提，指南中所稱的「休息時間」並不是什麼都不做，只是發呆的意思，而是離開電腦作業，做些整理文件或打電話等別的工作。不妨稍微花點工夫，別長時間連續地在電腦前作業。

只不過，上述的休息時間如果拿出智慧型手機來玩就沒意義了。光是從椅子上站起來，做點簡單的伸展操，或是在辦公室裡走來走去，就能促進血液循環。

另外，刻意在中午休息時間或通勤中盡量不看手機，也能預防 VDT 症候群，緩和過度緊張的問題。

過度緊張的對策是「製造放鬆的時間」

總而言之，**要避免過度緊張或改善 VDT 症候群的對策無非是「有意識地增加放鬆時間，讓副交感神經占上風」。**

讓身心緊張的交感神經與讓身心放鬆的副交感神經通常會各司其職地分工合作，可是一旦過度緊張，只有交感神經受到活化，就會陷入興奮狀態，導致身體調節能力失衡。此時，就

需要有意識地活化副交感神經。

我將活化副交感神經的時間取名為「放鬆時間」。建議各位容易過度緊張的上班族採取以下的「放鬆時間」活用法。

（1）制定屬於自己的「睡飽日」

過度緊張時，工作和私生活太忙碌都會導致睡眠不足。一旦睡眠不足，嘗試再多放鬆的方法也沒有效，怎樣都無法恢復自律神經的調節功能。因此一旦覺得自己「好像太緊張了」，請先規定自己有幾天一定要睡飽。

決定「今天一定要睡飽」後，可以不要先做的工作就不要先做，回家也盡量不要做家事，總之，先睡覺再說。

萬一「記掛著工作，想睡也睡不著」、「睡著也會半夜驚醒」的失眠症狀一直持續下去，請不要勉強，直接找醫生商量，請醫生開安眠藥，或去藥房買助眠的保健食品也是好方法。

後面第十章將為各位詳細解說如何正確地獲取能讓身心放鬆的睡眠方法。

（2）回家就要遠離智慧型手機

工作一忙起來，身心都會比平常緊張。回到家後請盡可能

刻意遠離智慧型手機等電子產品，作離線練習。

忙碌時可能會忍不住在社群網站寫下對工作的抱怨，如果發表「今天被客訴了，好沮喪」的文章，說不定會換來「那是因為你的態度也有問題吧」等在傷口上撒鹽的留言。

用手機上社群網站玩遊戲可能會讓自己更加緊張，而且，遊戲的畫面令人眼花撩亂，可能會導致眼睛疲勞或肩膀痠痛等症狀。

盡可能不要看手機是享受「放鬆時間」的必要條件。

（3）能偷懶的家事就偷懶

太緊張的應對之道，說穿了就是盡可能悠閒過日子。

我建議可以偷懶的家事就偷懶，躺在沙發上悠悠哉哉地聽音樂、翻雜誌，與家人或親朋好友天南地北地亂聊。

附帶一提，我是家庭主婦，所以工作之餘還得做家事、為家人煮飯燒菜等等，可是當我感到過度緊張時，我會提醒自己盡可能擠出「放鬆時間」，像是出去吃或是買現成的菜回來吃，花比平常更多時間好好地泡個澡，在沙發上滾來滾去。放鬆肌肉、放鬆心情是「放鬆時間」的醍醐味。

充滿壓力的日子可以偷懶不做家事！

（4）取消會讓自己感到緊張的才藝學習

學才藝也跟工作一樣，會讓身心感到緊張。因此出現過度緊張的症狀時，不妨狠下心來取消。

例如我以前上過英語課，現在上繪畫課，但如果覺得實在很緊張，就會乾脆地取消。相反地，即使同樣都是學習才藝，如果是能讓自己感到放鬆的課程（例如瑜珈或游泳等），或許可以照原訂計畫參加。

只不過，過度緊張時一定要以睡眠為優先考量，所以請不要太晚回家。

（5）假日不要見人也不要出遠門

建議過度緊張，感覺身心俱疲的假日極力避免與需要費心思相處的人碰面，別出遠門，也不要去人多的地方，按照自己的步調，輕鬆地度過。

就算已經約好要出去玩，一旦被「○點集合」、「○點前要移動到某個地方」等時間追著跑，交感神經就會占上風，增加緊張感。

如果要出門，最好選擇離自己比較近的地方，不要事先決定要做什麼，而是「輕輕鬆鬆、漫無目的地享受」。

03 | 變化壓力
「開心的事」接踵而來也會變成壓力

所有的「變化」都會帶來壓力

　　無論是工作上還是生活，各種發生在生活周遭的「變化」都是產生壓力的原因。

　　打個比方，光是氣溫的變化都會對身體造成壓力。倘若一天的氣溫差到五度以上，就會對自律神經造成負擔，所以像是春天或初秋這種一天溫差過大的季節變換之際，很多人都會身體不舒服就是基於這個原因。稱之為「溫差疲勞」。

　　人的自律神經會將體溫調節至固定的溫度。熱的時候會流汗、擴張末稍血管來幫助散熱，防止體溫上升。冷的時候會發抖，藉由晃動肌肉、收縮血管、繃緊肌肉來提高體溫。溫差太

大的季節必須一再重複上述的調節，因此自律神經就會過度勞累。

「溫差疲勞」會引起肩膀痠痛、腰痛、頭痛、暈眩、沒有胃口、便祕或拉肚子等身體的症狀，也會引起心浮氣躁、憂鬱、失眠等心理的症狀。這些都會導致自律神經失調，與前面解說過的因為過度緊張引起的症狀大同小異。

工作中也會受到各種變化壓力的攻擊。

舉例來說，不管是誰應該都曾有過，挨主管罵、業績一落千丈、犯錯、人際關係出問題等「不愉快的變化」所造成的壓力吧。另一方面，升職或加薪等「令人開心的變化」其實也會造成壓力。

程度因人而異，但人在適應任何變化時都會緊張或產生戒心。身心為了因應上述的變化，會比平常更耗費精力和體力。

例如因為人事異動加入新部門，都會對新的主管或同事小心翼翼，直到習慣新的樓層或辦公室等環境、新的工作流程前都會很緊張。如果換公司，還得習慣新的上下班路線，在此之前很難靜下心來。

為了適應以上的變化，「身心都很緊繃」時，交感神經也會比平常更活潑。

交感神經一旦變得太活潑，體內就會分泌腎上腺素和正腎上腺素，提高血壓及脈搏、體溫，導致肌肉緊繃、大腦覺醒，這點在醫學上早已獲得證明。這樣的狀態長期持續下去，就會變成先前說過的「過度緊張」。

即使是令人喜悅的「人生大事」，也是壓力源

發生在生活上的變化也同樣會變成壓力。就連子女入學或畢業這種可喜可賀的人生大事也不例外。

有研究專門調查這些「人生大事（發生在日常生活中的事）」會造成多大的壓力。根據美國心理學家霍姆斯與拉赫構思的評量表，訪問在日本大企業上班的一千六百三十人，以 1 ～ 100 分請他們依主觀回答各種人生大事帶來的壓力，以下是平均之後的結果。

「人生大事」與壓力

順位	人生大事	分數	順位	人生大事	分數
1	配偶去世	83	16	朋友去世	59
2	公司破產	74	17	公司被併購	59
3	親戚去世	73	18	收入減少	58
4	離婚	72	19	人事異動	58
5	夫婦分居	67	20	雇傭條件出現重大的變化	55
6	離職換工作	64	21	調單位	54
7	自己生病或受傷	62	22	與同事的人際關係	53
8	忙到身心俱疲	62	23	法律上的糾紛	52
9	一百萬以上的債務	61	24	一百萬以下的債務	51
10	工作上犯錯	61	25	與主管的糾紛	51
11	調職	61	26	因為升職而調單位	51
12	單身赴任	60	27	子女離家	50
13	被降職	60	28	結婚	50
14	家人的健康或行為出現重大的變化	59	29	性事的問題、障礙	49
15	公司重整	59	30	夫妻吵架	48

順位	人生大事	分數	順位	人生大事	分數
31	增加了新的家人	47	43	居住環境出現重大的變化	42
32	睡眠習慣出現重大的變化	47	44	公司裁員	42
33	與同事的糾紛	47	45	社會活動出現重大的變化	42
34	搬家	47	46	職場的科技化	42
35	房貸	47	47	家庭成員出現重大的變化	41
36	子女準備考試	46	48	子女轉學	41
37	懷孕	44	49	輕度的違法	41
38	與顧客的人際關係	44	50	同事升職加薪	40
39	工作量減少	44	51	技術革新的進步	40
40	退休	44	52	工作量增加	40
41	與下屬發生糾紛	43	53	自己升職加薪	40
42	全心全意地工作	43	54	配偶辭職	40

出處：夏目誠、村田弘 Bull. Inst. Public Health, 42[3]: 1993 部分變更

「配偶去世」及「公司破產」的分數非常高可想而知，但沒想到「子女離家」、「搬家」、「子女準備考試」也有很高的分數。

　　當這些人生大事在短期間內一再發生，不知不覺中，自己已經承受了比想像中更大的壓力，所以要特別小心。

「春天」是每個人都為
變化壓力所苦的季節

　　「春天」是最需要注意變化壓力的季節。

　　或許大家會以為春天比冬天溫暖，可以更舒適，但春天其實是一連串的變化。還以為每天都暖烘烘的，有時候卻突然冷得跟冬天一樣，自律神經根本沒得休息。

　　再加上公司及學校應該都是在春天同時進入新年度，因此會一口氣發生入學、畢業、就職、調單位、換公司、搬家等重大的變化。

　　或許因為調職需要搬家，兩件大事會讓人陷入抑鬱狀態，

變得焦慮不安。這種因換工作、搬家導致的「搬家憂鬱」在精神科醫生眼中也是經常會遇到的病例。

還有，當自己的工作異動與子女的入學、畢業碰在一起，也會對精神、肉體造成極大的壓力。

當職場上來了新人、主管換人當、感情很好的同事調走等變化，有時也會形成很大的壓力，甚至破壞身心平衡。

新人或新生在五月的連假結束後，開始出問題的「五月病」（編注 ❶），就是春天的變化壓力導致身心耗損的最佳案例，但可不是只有新人會得「五月病」。

以下為各位介紹兩個典型的案例。

（1）子女入學與自己升職同時發生的三十歲女性

四月，孩子剛結束中學考試，自己也升上主任一職。磨拳擦掌地告訴自己「必須滿足主管的期待，也得努力指導下屬」的同時，得早起為考上第一志願的孩子準備便當，還獲選為家

---

❶ 五月病成因大致是因為日本在四月是新季度開始，學校、公司要面臨開學、入職等，經歷新環境的震撼，然而經過一個月嶄新又充滿壓力的新生活後，又進入了四月底～五月初的黃金週連休，五月就產生焦躁情緒和壓力，心情低落的狀態。類似於台灣放完長假的「假期症候群」。

壓力很容易在四月暴增！

長會代表，假日得去學校開會，忙得不可開交。於是自從五月的連假結束後，開始覺得始終無法擺脫疲勞的狀態，某天早上出現了嚴重的暈眩及耳鳴症狀，連路都走不了。去耳鼻喉科掛急診，醫生診斷為壓力導致的梅尼爾氏症（編注 ❷），不得不住院接受治療。

（2）隻身至東京總公司赴任的四十歲男性

四月份，如願從地方分公司調到東京總公司的某男性業務員，必須隻身上任，但公司起初幾年不能帶家屬赴任，所以必須等孩子高中畢業才能一起住。為了在總公司交出漂亮的成績單，每天都精力充沛地去拜訪客戶，為了熟悉新的人際關係，也積極參加聚餐及應酬。這段時間一直過著週五深夜回鄉下與家人共度週末，週一一大早再回東京的生活。自從進入梅雨季後，就一直擺脫不了倦怠的感覺，經常發呆，大錯小錯不斷，

---

❷ 梅尼爾氏症（Meniere's disease）是因內耳淋巴代謝障礙或異常而導致的疾病，典型症狀是眩暈，併發噁心、嘔吐或全身冒冷汗，此外，也可能會出現耳鳴、耳塞和聽力下降等。

被主管提醒了好幾次。後來即使三更半夜仍惦記著公事睡不著，為此失眠。一想到第二天要去上班就會心悸、冷汗直流，覺得噁心想吐。去身心科看診，醫生說是因為過勞和壓力過大，引起睡眠障礙及適應障礙，最好能請假休息。

　　如同以上介紹的兩個案例，為了適應春天發生的，令人頭昏眼花的變化，不知不覺地三番五次勉強自己，到了五月連假，心情一旦放鬆，疲憊就會一股腦兒湧上心頭，陷入身體不舒服的狀態，這種狀況在資深員工身上也屢見不鮮。

　　環境發生變化時，請勿勉強自己，而是要有意識地採取對策，以應付過度緊張和焦慮。「不要再人為增加變化」這點也很重要。像是調職時才起心動念要學才藝，或突然開始減肥等，反而會導致壓力倍增。我建議這時候應該先在新的單位穩定下來，等工作得心應手後再開始學才藝或減肥也不遲。

04 | 成果壓力
人手不足、忙不過來會導致過勞！

壓力來自工作本身，而非人際關係

　　根據日本厚生勞動省 2018 年的調查，請上班族回答工作時會感受到哪些壓力，認為是「工作的質、量」的人最多，占 59.4%。其次是「工作失誤、責任歸屬」，占 34%，「人際關係（包含性騷擾、職場霸凌）」占 31.3%。

　　同樣的調查，在 2000 年以前一直是「職場的人際關係」位居榜首。但自從 2000 年起，比起人際關係，對「工作的質或量」感到壓力的人日漸增加。

　　多年來，我以產業醫師的身分與員工面談時，發現回答「總之人手不足」、「工作量太大，根本做不完」的人真的很多。

▼「第一線的人手真的太少了，所以只要出一點小問題，工作就會做不完。」

▼「有一個人生病請長假，上頭也不補人。每個人都忙得自顧不暇，根本沒有餘力管別人。」

每年都能看到像這樣異口同聲指控公司的員工。

另外，關於工作的品質，控訴有以下壓力的人也愈來愈多。

▼「上頭總是對團隊的營業額賦予極大的成果壓力。晚上也滿腦子都是工作上的事，睡不著。」

▼「公司嚴格要求我們不要加班，但是又有很多工作必須在短時間內處理好。經常被時間追著跑，好痛苦。」

就算政府或公司都一直鼓勵員工不要加班，雖然規定工時能解決長時間勞動的問題，但卻無法真正減輕忙碌或成果壓力，反而讓人覺得內心愈來愈沒有「餘裕」。

這是因為就業人口減少，導致勞動力不足，分配到每個人頭上的工作量增加了，再加上全球化的演進，不只國內，也得跟海外的公司競爭，隨著職場數位化（IT）及人工智慧（AI）

人手不足、忙不過來

等科技發達，單純作業或機械化的作業日漸減少，品質更高、更複雜的工作則日益增加。

因此感受到以下這些壓力的人也增加了。

▼「隨著導入系統，減少單純作業，提升工作效率，但節省下來的時間，需要研擬公司戰略與工作企畫，工作及會議都增加了，必須隨時全速動腦，感覺非常疲憊。」

▼「之前身為約聘員工，工作內容多半是輸入資料等單純作業或助理業務，工作相對簡單，但自從簽約成為正式員工後，必須自己判斷的工作變多了，壓力也變大了。」

輸入資料及包裝、組裝等單純作業或許給人「無聊」、「很容易膩」、「沒有成就感」等負面印象，但能讓人心無旁騖、埋頭苦幹的單純作業，對大腦其實是「很好的休息」，是消除壓力的不二法門。

舉例來說，一個勁地用訂書機裝訂資料、將數字輸入電腦、為商品上架等，這些就不需要複雜的思考，只要機械式地處理就行了，因此幾乎不會產生精神上的壓力。換言之，大腦和心理都很「輕鬆」。

　　一直從事單純作業固然很無聊，得不到成就感，但一直動腦、一直激發創意，精神也會被壓力壓得喘不過氣來。

　　隨著資訊數位化及人工智慧提升職場生產力的同時，卻也逐漸剝奪人們在職場上、時間上及精神上的悠然自得。

主管經常要求「業績」，會壓垮下屬

　　許多上班族經常被時間追著跑，漸漸失去了內心的從容和悠閒，原因就在於職場中經常會有的「成果壓力」。

　　在公司裡上班的人，不但被要求「必須與其他人合力完成工作」，也受到嚴格考核「必須有個人業績成果」。這就是所謂的「成果壓力」。

　　公司支付員工薪水的同時，也要求員工要交出對得起薪水的成績單，因此薪水愈高，公司要求的成果愈多。

　　正因為有所謂的成果壓力，個人在公司所要承受的壓力與學生時代不同。學生時代「不管是學校還是社團活動，只要配合大家，不要惹麻煩就行了」，學業或運動的成果可以由個人

的意志決定。即使學業或運動的成績都不出色也沒關係，也能過得好好的。

　　然而一旦進公司工作，就必須與周圍的同事團隊合作，另一方面也必須交出公司要求的個人業績。兩者的利害關係有時候是相反的，想要兼顧就會產生很大的壓力。

　　日本企業過去是由年功序列制（編注 ❶）與終身雇用制構成，不像現今社會多是提倡「成果主義」。

　　在以前的年代，進入公司上班就一直待到退休可以說是理所當然的結果。薪水會隨著年資增加，所以只要別鑄下大錯，基本上都能在那家公司頤養天年。即便無緣晉升，也不至於被開除，薪水也能有一定程度的調升。

　　因此員工就算感受到組織內的同儕壓力，也不太會感受到成果壓力，很容易對同事或主管、下屬產生有如「虛擬家人」般的依戀。

❶ 年功序列制是日本一種企業文化，用年資和職位來論資排輩，訂定一個標準化薪水，通常搭配終身雇用的觀念，鼓勵員工在同一個公司累積年資到退休。

但隨著泡沫經濟終結及美國雷曼風暴等衝擊，全世界經濟長期陷入低迷，再也無法維持以年功序列為前提的終身雇用制。

到了 1990 年代，年功序列制逐漸瓦解，自 2000 年開始，依工作成果決定勞工薪資的「奠基於成果主義的報酬體系」蔚為主流。

「成果主義、業績主義」是指視個人業績給予報酬，藉此鼓舞士氣，具有在團隊內激發競爭力，比較容易提升產值的好處。

但也不是沒有缺點，如果業績沒有起色，薪水就無法成長；如果業績變差，還有可能慘遭降職或解雇，因此公司內的氣氛很容易變得劍拔弩張，以前那種「虛擬家庭」的情感不復存在，員工的精神上也很難再放鬆了。

根據東京經濟大學副教授安田宏樹先生於 2008 年的研究指出，除了「長時間勞動」，「上級嚴格要求工作的成果」、「成果擴大了薪資差距」也是導致工作壓力變大的主要原因。

安田教授論證，公司嚴格要求工作業績，不只會對員工造成很大的壓力，也會引起身心疾病，導致健康狀態惡化、降低勞動意願。

我剛成為產業醫師的 2010 年左右，長時間勞動已經變成常

態的企業多得不得了，但是在 2019 年實施「日本勞動方式改革相關法案」後，視長時間勞動為常態的公司開始受到檢舉。但成果壓力絲毫沒有減輕的跡象。

對於上班族而言，反而產生了「因為不能加班，必須在更短的時間內有效率地工作、做出成果才行」的壓力。

不要被成果壓力壓垮

面對成果壓力，我們該怎麼做才好呢？

無論覺得工作有多痛苦，要向主管提出以下的要求，還是令人躊躇再三吧？

▼「成果壓力太大了，請減少一點。」

▼「工作的責任太重了，請給我輕鬆一點的工作。」

▼「我想更有餘裕地工作，請減少我的工作量吧。」

▼「我沒有自信能達成您要求的成果，請降低目標。」

　　但是如果各位現在手上的工作會導致身心失調，請務必鼓起勇氣，坦誠地找主管或公司內的衛生管理者或保健師，或是產業醫師商量。

　　尤其是如果已經出現下面這些原因可能出自於過度緊張的症狀，千萬不要再猶豫了。

▼ 每天晚上滿腦子都是工作的事，睡不好。

▼ 即使睡著也會夢到工作，半夜醒來好幾次。一大早醒來後，就再也睡不著。

▼ 即使睡著也消除不了疲勞，倦怠感有增無減。

▼ 感覺暈眩、腸胃出問題（腹痛、胃痛、嚴重拉肚子或便祕、想吐等等）、心悸、頭痛欲裂等症狀。

▼ 感覺永遠被工作追著跑，靜不下心來，非常暴躁。有時候還會不小心對同事發脾氣。

▼ 非常討厭、排斥工作，一進公司就憂鬱得不得了。

▼ 注意力不集中，經常犯一些低級錯誤，工作效率顯而易見地低落。

日本的衛生管理者是為了防止勞工健康出問題或發生職業

災害，依照勞動安全衛生法制定的國家資格，當勞動人數超過五十人，事業單位就有義務選任衛生管理者（產業醫生）。另外，產業醫師及保健師則是站在專業的立場，負責改善或維持在企業裡工作的從業人員之健康。

萬一公司裡沒有人可以商量，不妨求助於醫院的心理醫生或精神科。

嚴重者，心理醫生或精神科的醫生也可以開立診斷書，陳明身體不適無法配合加班，以減輕壓力。

倘若身心出現不舒服的症狀，請先讓身心適度地休息，這是治療的第一步。因為要是放著症狀不管，繼續勉強自己工作，情況可能會嚴重到真的需要請長假在家休養的地步，像是憂鬱症或睡眠障礙、壓力型胃潰瘍或暈眩等等。

痛苦的時候該怎麼辦？

很多時候，就算還不到身心出問題的地步，也還沒有嚴重到需要與醫師或主管商量，大概也有很多人在「無法達成主管

期待的成果，每天都覺得好痛苦」、「感受到業績及職務的壓力」、「工作量增加了，好痛苦」的情況下感受到成果壓力。

身為心理醫生，當我面對以上的諮詢，我會提供以下的建議。

（1）人生還很長，因此不需要焦慮

愈是認真老實、嚴以律己的人，愈容易不疑有它地接受公司的期待及要求。但是**身為上班族的人生還很長，就算有段時間做不出成果來，也請原諒自己。重點在於不要用目光短淺的角度看事情。**

要是不能保持「算了，有時候就是會有工作瓶頸期」這樣的心情沉住氣，就很容易被成果壓力壓垮。只要每天都準時上班，完成主管交辦的工作，基本上已經可以對自己交代了。

我有次與煩惱於無法提升業績的員工面談後，再將內容反饋給人事負責人時，他們當下的回答是：「這位員工的業績確實不怎麼樣，但他又認真又努力，所以我願意從長遠的眼光來期待他的成長」。

換句話說，雖然追求「成果主義」，但大部分的公司還是很重視「保持建康，持之以恆，認真工作的態度」。

就算業績一時成長得很快，要是因此健康出現問題，導致無法工作，不得不請假，反而給其他人造成困擾的話可就得不償失了。

（2）別跟周圍的人做比較

為自己的成果或業績煩惱、沮喪的人，通常都會跟周圍的人比較。

▼「○○同事這次的業績又大幅提升了，我反而下降。」
▼「下屬接二連三地談成好幾筆大生意，受到公司的表揚。相較之下，我好沒用。」

以產業醫師的身分與員工面談時，經常可以遇到像這樣拿自己與他人做比較，導致成果壓力倍增的人。

這種愛跟別人比較的心態就是成果壓力的元凶。

基本上，自己跟對方幾乎不會承辦一模一樣的工作。儘管如此，還是忍不住一較長短。

學生時代，所有人都要解「相同的問題」，在分數上競爭，但公司裡的工作並不是這樣分配。每個人的工作內容都不一樣，

別跟其他同事比較

不只自己的能力，還得跟許多人合作，才能做出成果。

更何況，如果是業務之類的工作，當客戶有什麼狀況或改變方針，或許就得不到理想中的成果，反之，有時候明明什麼也沒做，卻能接到意想不到的訂單。還有，有時候換個主管，業績可能反而就成長了。

從以上的情況不難發現：跟其他人比較其實沒什麼意義。

（3）手上是否有太多工作？

「工作量太大，總是被工作追著跑」、「工作永遠做不完，永遠也輕鬆不下來」的人必須檢查自己手上是否有太多工作。

來與我面談的人中，有一半以上的人無法減少加班時數的原因都是出在於「手上有太多工作，而且凡事都親力親為」。

手上有太多工作的理由琳琅滿目。

▼ 本來有些工作可以交給下屬，但總認為「自己做比較快又正確」而攬下來做。

▼ 不想失去與客戶保持良好關係，所以除了本來合約上的工作以外，還提供額外的服務。

▼ 很愛操心，即使是交給下屬的工作，也得從頭到尾全部

檢查一遍才放心。

▼ 因為自己的堅持，花很多時間處理不用做得那麼仔細也
沒關係的工作。

有這種手邊有很多工作，為公司做牛做馬，也不減少加班，
持續過勞的員工，公司在勞務上其實要承擔很大的風險。

因為慢性的長時間勞動除了可能會引發過勞死等重大的職
業災害以外，根據 2019 年的勞動改革方案，對於超過法定工時
的企業，法律也已經有白紙黑字的罰則。

如果手邊有太多工作，不妨與主管或人事部討論，調整到
恰到好處的工作量，這點非常重要。

05 | 人際關係的壓力
層出不窮的職場霸凌、性騷擾

人際關係變複雜的壓力

前面在【04：成果壓力】時說過，現在有很多人比起「職場的人際關係」，感覺「工作的質、量」的壓力更大。即便如此，還是有很多人深受人際關係所苦，感到沉重的壓力。

「職場霸凌、性騷擾」可以說是目前職場上最具有代表性的人際關係壓力。為了防止發生在職場上的霸凌，企業有義務採取必要的措施。

職場霸凌分成以下六種。

（1）**身體上的攻擊**……拳打腳踢等暴力行為。拿物品或文

件扔向人，或是扔向牆壁，充滿暴力的恫嚇行為。

（2）**精神上的攻擊**……當著同事的面罵人，寫信罵人，甚至轉寄給其他員工。長時間、反反覆覆地叱責。幾乎每天把「笨蛋」、「蠢才」、「傻瓜」等人身攻擊掛在嘴邊。「你怎麼還不主動辭職」、「小心我炒你魷魚」等，像這樣威脅員工。使用「你這個人沒救了」、「無能」等具有侮辱性、相當於誹謗名譽的字眼。

（3）**人際關係的排擠**……把你單獨隔離在另一個房間裡辦公，或強制你回家待命。明明是整個部門的歡迎會或歡送會，唯獨不讓你參加。你主動示好，對方卻假裝沒聽見等故意排擠。

（4）**過高的要求**……提出超乎能力或經驗的無理要求，交付明顯多於其他員工的業務量。對業務吹毛求疵，一旦發現些微錯處，立刻表示為了殺雞儆猴，要求你寫悔過書或檢討，甚至向全公司通報。

（5）**過低的要求**……也就是所謂的被主管冷凍。不交辦工作，或者是只交代一些缺乏業務上的合理性，完全不需要能力或經驗的低階工作。

（6）**侵犯個人權益**……當員工請假時，追根究柢地追問

請特休的理由或不准假，做出與私生活有關的不當發言，利用主管的權限介入下屬私生活。

最近很多企業也開始舉辦職場霸凌研習營讓主管參加，期待不再出現以前那種暴言或明顯的暴力行為。僅管如此，抗議「受到職場霸凌般的對待」的員工至今卻仍層出不窮。

很多時候，主管並沒有職場霸凌的自覺，殊不知自己感情用事地說出傷人的話，會深深傷害下屬的心。

以下舉幾個我在面談時實際聽到的例子。

▼「教這麼多次了，還是犯一些相同的錯誤。你真的是○○大學的畢業生嗎？」

▼「這次也無法達成目標，真讓人失望。再這樣下去，以後就沒人會對你有任何期待。」

▼「只會匯報數字的話，小學生也會。還不給我多動點腦筋工作。」

▼「我像你這麼大的時候，要是只有這點能耐，早就回家吃自己了。現在的年輕人從小被寵到大，真令人羨慕。

▼「你有辦法挽回這次的失誤嗎？藉口一大堆，根本解決不了任何問題。」

　　站在主管的立場，或許只是想激勵那些不知進取的下屬，但事實證明，這些既冷酷又嚴厲的話，結果可能適得其反。因為不論是誰，如果動不動就聽到這種言語暴力，可能都會因為壓力太大而感覺身體不舒服或心靈受創吧。

　　另外，儘管主管自以為說得一針見血，熱心地指導下屬，以下的行為仍屬於導致下屬身心失衡的原因。

▼ 對於下屬的一個錯誤，頻繁地叫出去嚴厲地耳提面命，給下屬帶來極大的精神壓力。

▼ 不只發給當事人，還把充滿叱責或批評的電子郵件寄給部門裡的所有人。

▼ 沒有合理的說明就全盤否決下屬的工作表現或提案。

　　有時候即使本身沒受到職場霸凌，也有人會因為「主管一天到晚都在罵人，每次聽到主管的怒吼，心臟就跳得好快」、「眼睜睜地看著同事成為攻擊的標的，受到霸凌，自己卻怕得什麼也做不了，感覺非常內疚」而受到間接的職場霸凌。

不能姑息「職場霸凌」

「職場霸凌」的恐怖之處在於，經常被視為理所當然，見怪不怪，感覺逐漸麻痺，認為「這種事很常見吧」。結果導致被害人一直忍耐，直到身心都出現問題而不自知。經由第三者戳破，才發現自己受到職場霸凌。

根據我的經驗，經營者引以為傲地說「我們公司走體育社團風格」的小公司要特別注意。

當公司規模大到一定程度，比較容易受到來自公司內外的檢視，但如果是小公司，經常會以「這是敝公司的作風」來一筆帶過。

如果主管或老闆念書時參加過體育社團，年輕時也曾經被教練罵得狗血淋頭，受到濫用權力的指導，可能會誤以為「指導別人的時候可以這樣講話」。

也就是所謂的「職場霸凌的連鎖反應」。

「如果不照我說的做，就等著去坐冷板凳」、「你這個笨蛋！我們球隊不需要你這種廢物」等，在社團活動曾經被教練言語霸凌的人，一但成為主管，可能也會對下屬說出同樣的話：

職場霸凌的連鎖反應

「如果不照我說的做，小心你的考績」、「你這個笨蛋！本部門不需要你這種廢物」（順帶一提，據說現在還有很多社團活動的教練會進行這種霸凌式的指導。有子女參加社團活動的人請仔細留意觀察孩子是否受到這種霸凌式的指導）。

身為產業醫師，我看過許多這種在視霸凌為理所當然的環境下長大的員工，如果成為主管後，也一樣嚴格地對待下屬，但卻被下屬控訴職權騷擾，他們認為「我嚴格要求下屬是為了他們好，人事部卻說我行使職場霸凌，要我接受處分」為此而鬱鬱寡歡，結果這些行使職場霸凌的主管自己也得了心病。

「君子之交淡如水」反而是
職場霸凌的源頭

也有不少中老年人會長吁短嘆：「現在只要稍微大聲點就會扯到職場霸凌，真傷腦筋。」因為少子化，愈來愈多年輕人不習慣挨罵倒也是事實，但如果是正確的叱責或指導，並不算職場霸凌。

　　職場霸凌的定義也註明「從客觀的角度來看，如果是在業務上必要且適當的範圍內進行恰當的業務指示或指導，則不屬於職場霸凌」。

　　職場上有時候也必須嚴格地指導下屬。

　　只要掌握「聚焦於希望下屬做出正確行動的指導」、「切勿攻擊或否定對方的人格」、「切勿死纏爛打地持續過度叱責」、「切勿在眾人面前罵人、讓對方下不了台」的基本條件，進行適當的指示或指導就不算職場霸凌。為了不要成為職場霸凌的被害人或加害人，重點在於要先正確地認識何謂「職場霸凌」。

　　與此同時，建立起職場上的良好人際關係也很重要。

　　明明是恰如其分的指導，卻被控告「主管對我職場霸凌」的案例都有一個共通點，那就是主管與下屬的人際關係很疏遠。

　　如果彼此有建立起良好的人際關係，就算指導時態度稍微強硬一點，對方通常也不會因此感到受傷，反而能欣然接受。

　　因此重點在於主管最好盡可能平常就與下屬保持密切的溝通，了解下屬「對工作的價值觀與需求」。

　　以最近的年輕員工為例，擁有「想重視家人及朋友、休閒時間」價值觀的人與日俱增，但也不是所有人都這樣。

　　我與某位在店鋪上班的女性員工面談後，發現她完全不是

這種人。她的價值觀與需求是「我很喜歡這份服務客人的工作，可以從中得到良性刺激，所以就算經常加班也完全不在意」、「我想努力工作，在○○歲前存到一千萬圓，有朝一日開一家屬於自己的店」。

但主管不知道這點，把她從忙得焦頭爛額的店鋪調到閒到發慌的店鋪，從此再也不積極，下滑的獎金也讓她的士氣一落千丈，開始對公司及主管產生反感。反感逐漸表現在工作態度上，動不動就對後輩大呼小叫發脾氣，跟同事講公司的壞話，主管曾多次以嚴厲的態度斥責她：「妳的工作態度太差了，其他同事都很困擾」、「妳好像到處說公司的壞話，既然妳這麼討厭公司，為什麼不辭職？」

當事人因此受到很大的傷害，要求與產業醫師面談，哭哭啼啼地控訴：「主管三番兩次暗示說要開除我，這是職場霸凌。」

原本明明是充滿幹勁的員工，不料竟落得如此下場，真讓人遺憾。

如何改善上下溝通不良的問題

　　主管與下屬的關係疏遠、產生意見分歧的主要原因是，現在不再像以前那樣需要面對面或用電話溝通，而都是改用電子郵件或通訊軟體解決，並且只講重點，言語過度精簡。

　　順應時代潮流，以前那種員工旅行或打保齡球、酒聚、餐聚等活動逐漸減少，因此主管與下屬、同事除了工作以外不太有機會交流。

　　我在與年輕員工面談時，發現許多人都不知「該如何主管相處」。年輕人異口同聲地抱怨：「與主管合不來」、「不喜歡主管」、「主管是壓力來源」，為此感到苦不堪言，嚴重時甚至還會出現失眠或心悸、身體不舒服等症狀。

　　經過詳細詢問後，發現其中有些確實是職場霸凌，但大多數只是因為自己無法處理好與主管的關係。

　▼「工作上有煩惱，找主管商量，主管卻說『少囉嗦，做就是了』。」
　▼「主管不聽我說話，一意孤行地硬要我照他的方式做。」

▼「主管只會要我加油、要我做出成果，卻不告訴我具體
　該怎麼做。」

▼「主管心情不好就會變得很情緒化，臉色變得很難看，
　讓人感到心驚膽戰。」

　以上皆符合一般人對職場霸凌的定義，但有時候只是一再
地溝通不良，才會給下屬帶來壓力。

　面談後向人事部確認，通常會發現主管並沒有什麼特別大
的問題。

▼「個性很開朗，不拘小節，可惜溝通時有點太不拘小節
　了。」

▼「硬要說的話，屬於性格較真，不擅言詞的人。或許不
　是那麼容易親近。」

▼「很熱血，很愛照顧別人。跟合得來的人就很合得來。」

　以上是人事部的評價。

　醫界也有類似的狀況，指導教授指導年輕的實習醫生時、
醫生與患者接觸時，如果一再溝通不良，久而久之就會引起很

大的糾紛。

那麼，如何有效溝通呢？以下介紹一些可以預防溝通不良的說話技巧。這是我將自己學到的方法去蕪存菁，常用在與患者對話，或用在身為產業醫師的面談上。

（1）以「傾聽」→「發問」→「表達」的
三步驟來引導對話

如果交談中，對方覺得「你只是把自己的想法強加在我身上」、「你都不聽我說話」，是因為你的想法並沒能充分傳達給對方。

因此展開對話時，必須先徹底「傾聽」對方說的話，這點非常重要。其次是「發問」，這是為了讓對方說的話更加具體，了解對方的心情及需求。理解對方想說什麼以後，最後再「表達」自己的意見或建議。

如果能按照上次順序溝通，就不容易發生溝通不良的狀況。

（2）「傾聽」時要設身處地的站在對方的立場

「傾聽」時請盡可能專心聽對方說話。營造出讓對方暢所欲言的氣氛，為了讓對方與自己的視線保持在相同的高度，可

以多花點心思，像是請對方坐下，以消除對方的緊張。還有，不要「邊做事邊聽」，請放下手邊的工作，面向對方。

請先讓對方盡量暢所欲言，加上溫和的附和，像是「原來如此」、「這樣啊」營造讓他可以放心說話的氣氛。即使自己與對方想法不同，也要先讓對方把話說完再反駁，這點非常重要。切忌以否定的口吻打斷對方說話：「你說的沒錯，不過……」、「可是啊……」只想表達自己的意見。

（3）利用「發問」來試探對方的價值觀與需求

等對方說完自己想說的話，就輪到你「發問」了。像是問對方「可以請你針對○○再說明得仔細一點嗎？」、「我想知道你對於○○更具體的想法」，或反覆確認「我梳理一下你說的話，請問是這個意思嗎？」，同時也能試探對方的價值觀與需求。

可以的話，還能問對方「你對未來有什麼期待？」、「你認為改善哪裡，可以做得更得心應手？」這種對於「更美好未來」的想望。反過來說，如果質問對方「你當時為什麼不這麼做？」、「為何要○○？」這種否定過去的問題，很容易讓對方覺得「我被罵了」、「你在罵我」，所以要格外小心。

（4）最後再「表達」自己的建議或意見

經驗豐富的人，聽到一個階段大概就明白對方的缺失在哪裡了，所以通常會想要馬上點醒對方，但既然已經花時間在「傾聽」與「發問」上，這時請盡量考慮到對方的需求與心情，再來表達自己的意見。

這樣雖然很花時間，卻能讓對方比較願意接受你的建議或意見。

無論你的意見或建議再好再正確，倘若不符合對方的需求或價值觀、性格，聽在對方耳裡只會覺得你在「強迫推銷」，認為「你根本不想了解我的心情」而不滿。

（5）也別忘了「肯定」對方！

與下屬溝通時，乾脆地「肯定」對方的優點、努力的地方、交出的成果至關重要。

最近的年輕人，大多數都是「在讚美聲中長大」的人。如果不清楚「我有幫助到大家嗎？」、「大家喜歡我做的事嗎？」、「大家對我有肯定、有期待嗎？」就會感到不安。

所以給予指導或叮嚀後，不妨盡可能以肯定的字眼肯定對方的優點、長處、努力的態度等等，例如「我很看好你認真工作的態度」、「大家都很喜歡你的活潑開朗，這是跑業務時很

有力的武器，所以對自己要有自信」。諸如此類的肯定，可以說是與對方能否建立信賴關係的關鍵。

（6）盡可能讓自己的身體保持在最佳狀態

大家都知道，如果主管睡眠不足、心浮氣躁、筋疲力盡，就算想好好地與下屬溝通，可能也力有未逮。

當我處於睡眠不足或疲憊尚未消除的狀態，也很難進行機智的諮詢或與對方站在同一邊的面談。

不管是誰，一旦處於過勞的狀態，就很容易心浮氣躁，朝對方說出難聽的話，可能也做不到平常能極其自然為對方著想的體貼舉動。這時就很容易發生嚴重的溝通不良。

後面第三部將仔細地為各位說明上班族如何管理自己的身體狀態，請務必參考。

06 | 遠端工作
在家上班也有許多壓力

新冠疫情帶來新的壓力

隨著始於 2020 年的新型冠狀病毒疫情蔓延，即使不進公司，也能在家裡上班的「遠端工作」非常普及。因此上班族也必須重新面對新的壓力。

起初滿心歡喜不需要再擠有如沙丁魚罐頭的電車上下班，也不用再見到討厭的主管或同事的員工，但漸漸發現情況不是想像中簡單：

▼「以前就算工作上發生不開心的事，也能在回家途中買買東西、喝喝酒以轉換心情。自從開始遠端工作後，就

很容易一直陷在不愉快的情緒裡。」

▼「因為沒有人看到，不知不覺就懶懶散散地工作。加班的時間反而比進公司的時候還長。而且長時間一個人關在家裡工作，最近情緒也很低落，提不起幹勁，無法集中精神。」

▼「以前要進公司上班時，如果有哪裡不懂就可以馬上問旁邊的人。可是遠端工作後就無法問別人了，必須自己解決才行，不知不覺花了很多時間，導致工作效率不佳，被主管罵了。最近光是打開電腦都覺得好憂鬱。」

家裡本來應該是關機的空間，突然變成需要開機的職場，這就是遠端工作的弊病。這樣會讓心情陷入混亂，破壞生活規律。

另外，以前要進公司的時候光是通勤通常就能自然而然地走上五千步左右（以搭電車上下班為例），遠端工作也剝奪了這個運動的機會。適度的運動有助於促進血液循環、消除身心疲勞、讓大腦清醒，還能期待具有提神醒腦的效果。因為遠端工作而感覺自己肌肉僵硬、頭痛、心浮氣躁、情緒悶悶不樂的人愈來愈多，我認為這也是因為運動不足。

不僅如此，因為不用進公司，與旁人的交流也會變少，人

際關係的壓力看似減少了，但也因此少了良好的溝通機會，讓我們的交際能力退化。

待在辦公室裡，如果有哪裡不清楚，還可以稍微問一下旁邊的人，也能聊天轉換心情。少了這個機會，因為長時間獨自工作而導致情緒低落的人也增加了。

透過視訊開會也產生了新的溝通壓力。網路攝影機基本上只拍到上半身，屬於平面的二次元世界。而且經常會發生斷訊、畫面出問題的狀況。所以也有不少人反應「因為看不到對方的表情或小動作，反而更需要小心翼翼」、「無法建立親密的溝通」。

身為產業醫師，我也經常要以視訊會議的方式與員工面談。提到心理層面的私密內容時，必須非常專心，才能從畫面中捕捉對方的反應。結束後往往覺得精疲力盡。

即使沒有惡意也會形成「遠端騷擾」

最近也出現了「遠端騷擾」這個字眼，意味著遠端工作的

職權騷擾。所謂的遠端騷擾，指的是因為在網路上工作而發生的職場霸凌或性騷擾。

自己家因為遠端工作突然變成上班的場所，過去不曾接觸過對方的私密空間突然變得近在眼前。另外，因為彼此都在家裡工作，職場與住家在心情上的界線很容易變得模糊。

結果原本只是開玩笑或自以為開玩笑說的話，可能會引起對方反感或厭惡。

舉例來說，男性主管自以為幽默地說出以下這句話，對女性下屬而言卻成了性騷擾的發言。

▼「瞧妳上半身穿得人模人樣，下半身該不會是睡衣吧？站起來給我看看。」

▼「咦？妳的妝是不是化得比平常上班時隨便啊？」

▼「都在家裡上班，幾乎不運動吧。是不是胖了點？」

▼「我記得妳的興趣是彈吉他。工作結束後彈一首來聽聽吧。」

另一方面，遠距上班的話，主管無法親眼管理下屬，所以經常會提出過分的要求。

「遠端騷擾」是一種新型態的職權騷擾

▼「為了確定是在上班還是偷懶，要求員工隨時打開網路攝影機。」

▼「我傳訊息給你，如果不馬上回覆，就當你沒有在座位上，所以要一五一十地交代沒有馬上回覆的理由。」

▼「我想確定你身邊沒有其他人，所以請不要使用虛擬背景，在房間裡繞一圈，把周圍都拍出來。」

▼「因為大家無法在公司裡見面，所以溝通不足。為了增進向心力，每週五下班後要在線上酒聚，用來代替聚餐，所有人都要參加。」

▼「咦，我好像聽見尊夫人罵小孩的聲音。那麼歇斯底里地罵人不太好吧。我介紹育兒書給你，讓你老婆看一下吧。」

這種越界的管理或指導有時候會被當成職場霸凌或道德綁架（情緒勒索），形成問題。

而做出這種遠端騷擾行為的人，不少都是原本沒有任何問題的主管或員工。

因為遠端工作產生的不愉快日積月累就會變成壓力，讓員工過度緊張，最後導致身心失調的窘境。

如何因應遠端工作的壓力？

如何因應隨著新冠疫情出現的新壓力，產業保健及精神科的領域尚未有充分的研究。

身為產業醫師，我建議可以用以下的方式來因應。

（1）利用「虛擬通勤」刻意區隔開機與關機的時間

因為不用進公司，開機與關機之間的界線變得模糊，生活步調紊亂、運動不足導致身體不舒服的人愈來愈多。

因此建議開始工作前先出去健走十～二十分鐘。也就是所謂的「虛擬通勤」，也可以視為一種儀式感。

開始遠端工作後，想必很多人都意識到通勤其實是非常好的運動吧。不妨在工作前先出去走走，讓自己有機會運動一下。另外，工作結束後也可以出去走走，將頭腦從開機切換到關機的狀態。

早上為了出門也必須稍微打扮一下。開始工作前為了讓自己處於恰到好處的緊張狀態，建議也換上可以穿出門的衣服。

開始工作前先「虛擬通勤」

（2）設置與真實情況無異的溝通場所

進公司上班時，同事之間偶爾也會聊一些和工作無關的事，像是「你認為這個怎麼樣？」、「你不覺得房間有點熱嗎？」開始遠端工作後，就連這樣的對話都沒有了。雖然可以專心工作，但這麼一來也完全沒機會接觸人群。

此外，遠端工作時，自然會不知不覺以電子郵件或聊天室等文字溝通為主。因此我建議不只用文字溝通，也要積極地使用網路攝影機或電話進行對話。定期用網路攝影機開視訊會議，打電話互相報告進度也不失為一個好方法。也可以找一天定期地進辦公室集合一下，讓大家見見面。

尤其是新人或剛調過來的人，還沒有建立起人際關係就開始遠端工作的話，有什麼疑問或煩惱也不敢輕易問人，為此傷透腦筋。愈是尚未建立起人際關係的組織，建議多安排幾天進辦公室，在現實生活中實際和大家建立友好關係。

人生危機會
出現三次！

第二部將依年齡層把上班族分成三大類來思考。**分別是二十二～三十歲左右的【新人】、三十一～四十五歲左右的【中堅】、四十六～六十歲左右的【資深】**（至於如此分類的理由後面會為各位詳細說明）。根據我截至目前的經驗，這三個年齡層都有其容易陷入「心靈危機」的弱點。

　　【新人】是從剛進社會的菜鳥成長為獨當一面的專業人士的時期。如果不能順利且有意識地從學生時代的心態轉換成社會人的心態，必然會不停碰壁。有人會因為壓力辭職或不斷地換工作。

　　【中堅】則是工作得有聲有色，也開始要扛起中階主管責任的世代，私生活同時經歷結婚或生產的變化，於公於私都承受各式各樣的壓力。

　　【資深】是承擔管理責任，成為職場上要員的世

代，但由於肉體開始老化，體力衰退、生病的風險也不小，對於健康的疑慮也會開始形成壓力。隨著年紀愈來愈大及世代變遷，過去的工作方式將面臨考驗，也漸漸邁向職涯人生的終點了。

　　請先了解這三個時期分別容易陷入的「心靈危機」常見的案例，做好心靈的危機管理。

＊每個案例都經過改寫，不針對任何人，請個人、團體不要對號入座。

07 | 新人階段
必須調整覺得「自己還是學生」
的心態

「與學生時代的落差」讓菜鳥員工困惑

剛出社會的菜鳥員工，經常會發現學生時代根深蒂固的價值觀及思考邏輯、行為舉止等，在職場上根本行不通。或多或少都必須面對學校與公司之間存在差異，在失敗、教訓中慢慢脫胎換骨，成長為獨當一面的社會人士。

若無法保持彈性地順應這個落差，有時會感到「適應不良」，甚至引發精神疾病。

以下將為各位介紹實際來找我諮詢的案例。

案例 ①

因為頭痛的老毛病每個月都要
請幾天假的新進員工

　　大學畢業的 N 先生分發到總務部。

　　分發後過了一個月，N 先生開始時不時以「頭痛」為由請假或遲到。嚴重時甚至在一個月內請假四次以上。

　　即使受到主管的追問，他也堅持「我有頭痛的老毛病」。人事部拿他沒辦法，只好求助於「與產業醫師面談」，請我找出原因。

　　面談中 N 先生說：「我從學生時代就很容易頭痛，每當季節轉變或低氣壓的時候就會更嚴重。經常要吃市售的止痛藥，有時候沒什麼效果，但這時如果直接上床睡覺，隔天就好了。」

　　我問他：「那你有去看醫生嗎？」他告訴我：「沒有，因為頭痛是我的老毛病了。學生時代，父母要我去醫院檢查，我曾去過一次，但都沒有異常，所以後來就

沒有再去了」。

當我向他說明：「就算是老毛病，如果每個月都要請好幾天假或遲到的話，主管可能會非常苦惱。因為交辦給你的工作無法如期完成，只好緊急交給別人處理，會增加他人的負擔。」他露出滿臉不可思議的表情。

我告訴他：「請先去看醫生，討論要怎麼治療。就算是老毛病，如果動不動就遲到或請假，就不是一個合格的社會人士。至少要努力減少遲到或請假的次數。」他這才表現出理解的樣子，並保證一定會去看醫生。

以上狀況，是新進員工沒有意識到公司的出缺勤管理（請假、遲到）遠比學校嚴格的案例。其實對於新人而言，遲到早退並不罕見。

說穿了，學生是學校的「貴客」，對學校而言，學生是付錢接受教育的金主。即使身體不舒服請假，學校也毫無怨言。

再加上近幾年受到少子化的影響，學生人數銳減，更別說如果讓太多學生留級，學校的風評更是會大打折扣，因此私立

因頭痛動不動就請假的新人

大學為了不讓學生遲到或請假，宿舍甚至有清晨叫醒鬧鈴，萬一學生缺席日數增加，還會主動聯絡家長，簡直是鞠躬盡瘁。

然而職場與學校完全不同。員工必須提供勞務，才能換取公司支付的薪水。員工有義務履行公司所規定的勞動時間、日數以及內容。

由於勞雇契約或公司條規中規定了勞動時間（日數），不能再像學生時代那樣隨心所欲地請假或遲到。要是動不動就遲到早退，就會受到主管或人事部的關心，太嚴重的話，可能還會演變成「違約」的雇傭問題、勞務糾紛。

想當然，公司為了讓員工能持續不斷地提供勞動，也會要求員工徹底地照顧好自己的身體健康。萬一沒照顧好身體，導致身體出狀況，無法依規定上班，公司就會要求員工：「好好治療，控制症狀」。如果接受治療仍無法馬上恢復健康，出缺勤的狀況依舊未見改善的話，公司可能會要求當事人「停職，先專心治療，等到能確實依公司規定提供勞動再回來上班」。

通常對於已有多年工作經驗的員工來說，正常出缺勤是再自然不過的要求，但是剛從學校畢業、進入社會的菜鳥員工多半無法理解，很多公司都可以看到像 N 先生這種遲到早退、動不動就請假的新進員工。

即使身體沒有不舒服到得去看醫生的程度，但若需要早退或請假，就必須努力治療並改善。也必須改變自己的想法，告訴自己「公司可不是學校」。

「遲到早退」會傳染！

不可思議的是，如果放著遲到早退的員工不管，原本沒問題的員工也會受到遲到早退的「傳染」。

因為遲到早退會逐漸降低認真上班的員工的工作動力。當某個員工臨時請假，那個人原本該完成的工作就會落到當天進公司的員工頭上，造成其他人的負擔。認真工作的人通常都已有計畫地決定好「今天就能完成這項工作，○時下班」，沒想到還得分擔別人該完成的工作，打亂計畫。

如果只有一、兩次，可能還會互相理解，畢竟大家都有可能請假的時候，可是如果三番兩次地承擔遲到早退的員工的工作，我想是沒有人受得了的。「公司憑什麼把那個人的工作推到我頭上？」這樣的抱怨會越來越多，也會開始對公司產生不

信任感。

這種狀態若長期持續下去，員工就會萌生「那我也要稍微有點不舒服就請假。沒必要為這家只會為難我的公司賣命」的念頭。

可見得如果放著遲到、早退的員工不管，其他員工也會有樣學樣地跟著遲到早退，降低整個職場的工作士氣。如此一來，部門的業績將會一落千丈，氣氛也很差，如果是小公司，優秀的員工可能會毫不猶豫地另謀高就。

我剛當上產業醫師沒多久的時候，處理過一家員工人數達數百人規模的公司就陷入這樣的狀態。我驚訝地發現，就連資深員工也是頻頻請假，有人甚至每個月都連續請假三～五天。

另一方面，認真工作的員工則因為經常要加班，常發生過勞的情況。職場上的氣氛也很差，死氣沉沉，可以看到很多員工都一臉疲憊地面對著電腦。另外，以產業醫師的身分與他們面談時，我也發現很多員工都對公司抱持著批判的意見。

與人事部討論後，決定展開「撲滅遲到早退大作戰」。在公司內宣布「假如每個月因為身體不舒服請假三天以上，連續兩個月的話，就要跟產業醫師面談」，逐一與遲到早退愛請假的員工面談。幾乎所有前來面談的員工請假原因通常都是頭痛

或肚子痛、PMS（經前症候群）等，但卻未曾去醫院好好接受治療，甚至其中有些員工對於是否真的身體不舒服都說不清楚。

我說服他們「請不要放著身體不舒服的症狀不管，接受治療，盡量改善症狀」，還寫介紹函給醫療院所，催促他們去看醫生，同時也與人事負責人面談，請他們明確地告訴這些員工「如果經常以身體不舒服為由請假，會給部門帶來困擾」，從產業醫師與人事部兩方面雙管齊下，要求對方努力接受治療，以改善遲到早退、經常請假的狀況。

上述整治大約持續半年，這家公司就幾乎再也沒有遲到早退愛請假的員工了，而必須扛下更多工作而過勞的員工也迅速減少。

不僅如此，公司的氣氛也變開朗了，不再劍拔弩張。

調到沒有同齡人的單位所帶來的壓力

進金融業工作第三年的 S 小姐。

在總公司上班兩年後，因為累積了一些經驗，被公司調到隔壁縣的業務部。業務部除了店長以外，只有十人左右，她年紀最小。調到業務部半年後做的壓力檢查顯示她屬於「高壓力族群」，得以申請與產業醫師面談。

S 小姐表示：「在總公司的時候有好幾個感情很好的同期，職場上也能輕鬆地聊天，下班後還會跟年齡相仿的前輩一起去吃飯，每天都過得很快樂。可自從調到分行後，周圍都是比自己年長的前輩，雖然都親切地指導自己，但因為年紀差很多，沒有共通的話題，就算聊起來也一點都不開心。大家都有自己的家庭，下班後立刻頭也不回地離開公司。回想在總公司那些快樂的時光，現在就連上班時都會掉眼淚。最近光是進公司都覺得憂鬱得不得了，晚上也睡不好。」

　　以上也是進公司多年仍以為職場是「學生時代的延長線」的案例。

　　若無法認清職場與學校的人際關係不同，光是職場上沒有同年齡層的同事，就會受到「好寂寞」、「好孤單」的情緒支配，出現心理上的症狀。

　　對 S 小姐而言，與同期有說有笑度過每一天的總公司大概就像是學生時代的延長線，以參加社團活動的心態與同事及前輩相處。

　　然而，自從調到業務部後，這種朋友般的人際關係不復存在。

　　職場本來就是「為了追求公司的利益，必須與旁人分工合作的團隊」，同事不等於朋友。

　　即使年齡迥異，即使聊不起來，為了提升公司的利益也必須共同作業。再者，自己的薪水來自公司收益的一部分。

　　剛從大學畢業的年輕人中，就算有打工的經驗，通常也還沒有建立根深蒂固的工作意識。

　　實際上，許多新進員工都認為職場是大學時代社團活動的延伸，對職場抱有「與同事一起有說有笑地工作」的模糊憧憬。

　　然而一進入社會，上述的憧憬遲早都會粉碎。通常都要轉

念「職場不像學生時代那樣是與同年齡層的伙伴快樂交流的場所」、「不見得能像學生時代那樣交到好朋友」。

問題是，無法順利轉念的新人也不少。像 S 小姐已經出現憂鬱的症狀，所以我立刻介紹身心科給她，醫生為她開立了「適應障礙」的診斷書，讓她留職停薪，在家休養。

經過幾個月的療養，主治醫師開了「復職」的診斷書給她，但 S 小姐一復職就馬上要求調回總公司。得知公司不同意她的要求後，S 小姐選擇辭職。

經由面談與 S 小姐聊過幾次，發現她對就業並沒有明確的願景，而是「認為職場是學生時代的延伸」。就跟國中→高中→大學一樣，認為大學畢業就要上班，找工作時也是抱著「因為大家畢業後都要找工作」的心情。

S 小姐家還算富裕，每天從家裡去公司上班，並沒有非賺錢不可的迫切。對她來說，無論如何都沒有動力強迫自己每天去無法「像學生時代那樣與朋友有說有笑」的職場。我感覺還需要很長一段時間，才能改變 S 小姐對職場的概念。

像 S 小姐這種認為公司是「學校的延長線」，一旦覺得上班不開心就換工作的菜鳥員工，並不會永遠這樣。換幾次工作後，心態就會逐漸改變，對職場的天真幻想也會消失得無影無

蹤。

　　像是結婚有了家庭，或是原本依賴的父母退休，也有人會因此而變得堅強。

　　順帶一提，過去我面談過一個工作得有聲有色的三十歲男性員工曾經笑著說：「我年輕的時候也很天真。總是以工作不夠有趣、不適合自己為由一直換工作，後來結婚生子，認為自己不能再混下去了。當我下定決心『為了養家活口，先在這家公司努力一下』後，工作居然變得有趣了，真不可思議，哈哈哈。」

　　人生中有很多機會讓我們萌生「必須腳踏實地地工作，在經濟上自立起來」這樣的念頭，只是契機因人而異，因此有時也必須以長遠的角度溫柔守候。

案例 ③

不懂該怎麼工作，主管也不肯教

　　在科技業上班的 C 小姐。實習訓練結束後，分發到負責某個客戶的團隊。

　　沒多久就爆發了新冠疫情，變成以遠端工作為主，在家接收主管的指示工作。

　　大約過了兩個月後，組長向人事部報告：「C 小姐的樣子怪怪的。早上開會時都不說話，低著頭，表情也很憂鬱。交辦的工作幾乎都不做。視訊面談時突然哭了起來，嚇了我一大跳。」於是我以產業醫師的身分與她面談。

　　來到總公司的 C 小姐一直低著頭，不敢和我對視，臉上也浮現惴惴不安的表情。

　　我問她：「妳最近是身體不舒服嗎？狀況好像不太好，主管很擔心。現在好些了嗎？」她才支支吾吾地娓娓道來。

　　「新生訓練的時候很快樂，因為可以和同期實習生

一起進入公司，但是分發到單位後，我根本不知道該怎麼工作。我大學念的不是這方面的科系，光靠新生訓練有太多無法完全理解的地方，但沒有人可以教我。分發到同一個單位的同期都是專科畢業的，工作得有聲有色而且可以獨當一面，讓我覺得非常自卑。漸漸地，就連出席會議都很痛苦。每天工作也很痛苦。」

　　我問她：「妳有跟主管溝通過，請他教妳嗎？」C小姐淚眼模糊地說：「我問過好幾次了，但他每次都說『妳去看○○的書』、『妳去查○○的網站』。可是我就算看了也不懂，所以毫無進展。」、「其他的前輩也很忙，再加上是遠端工作，所以很難請教他們。」、「我是聽說沒經驗也沒關係，才來這家公司上班，還以為能學到很多東西，沒想到……。我沒有信心再繼續做下去了。」

　　像這樣因為「沒人教導或認為主管不肯教」而煩惱不已的新人也不在少數。尤其是經常可以聽到分發到忙碌單位的新人說：「主管看起來好像很忙，不敢問問題」、「就算有問題想請教，前輩也都不在位置上，找不到機會問」。

　　這些新人都有一個共通點，那就是會把主管或前輩當成「應該教自己工作的學校老師」。

　　學生時代的老師一定會教導自己，「就算自己不發問，老師也會教」、「如果有不懂的地方，老師還會手把手地教我」，這是理所當然的事。但是職場上可不是這麼回事。當然，每個新人都有一個負責指導自己的主管或前輩，但主管或前輩並不是學校的老師，也不是「教育的專家」。有人很會教人，也有人根本不曉得該怎麼教人，而且負責指導的主管或前輩都有各自的工作，還得同時指導下屬。如果是忙碌的部門，不可能完全照顧到每一個新人。

　　身為社會人，如果想學到什麼東西，必須採取「主動抓住主管，拚命發問」、「先從自己可以處理的部分盡量查資料學習」的積極態度。但是像 C 小姐那樣，只是被動地等對方指導的話，不懂的地方只會愈來愈多，工作很容易一直停留在原地踏步。一旦因此被主管罵，與周圍的人拉開差距，就會陷入覺得自己

很沒用、為此感到鬱鬱寡歡的惡性循環。

　　尤其是性格比較容易鑽牛角尖、害羞內向的新進員工，更容易陷入遲遲不敢開口詢問主管或前輩的狀況。而且最近的年輕人通常是以 LINE 或線上溝通，「不擅長跟不熟的人打電話或面對面溝通」的人愈來愈多。

　　另一方面，如果是以遠端工作為主的企業，新人尚未與周圍的人建立起人際關係，所以就更難開口詢問主管或前輩了。

　　性格內向害羞或喜歡鑽牛角尖的人，不可能馬上就變得活潑外向。因此負責指導的主管或前輩只能積極地主動關心新人。

　　有些主管會說：「敝公司雖然是遠端工作，但上下班的時候一定會召集新人開會。」不可否認，開會有助於新員工更快熟悉業務，但需注意一點，愈容易鑽牛角尖，或性格內向害羞的員工，愈不敢在人多的地方發言。

　　或許要多花一點時間，但最好製造一對一面談的機會，反覆地詢問對方「你目前在工作或人際關係上有什麼煩惱嗎？」、「對於工作的方法有沒有什麼不懂的地方？」

　　即使是很愛鑽牛角尖的新進員工，只要建立起一定程度的自信，不少人都能交出令人刮目相看的業績。有些人看似內向

又老實，但工作態度多半都很認真，擅於察言觀色，所以協調性很高，或許很有潛力可以成長為公司足以仰賴的戰力，因此剛開始請務必耐心地「手把手」教育新人，方為上策。

案例 ④

目前的工作與自己的生涯規畫不同

在金融業工作的 K 先生。

在壓力檢測中屬於「高壓力族群」，主動要求與產業醫師面談。

進入面談室的 K 先生看起來精神抖擻，臉色也很好。然而開口第一句話竟是「我最近完全提不起勁來工作，也不想去上班」。詢問他有何壓力狀況，他立刻滔滔不絕地開始控訴：「我又不是想當業務員才進這家公司。我的目標是從事與金融有關的宣傳或商品企畫，面試時也清楚地表示這一點。公司要我先在業務單位學習顧客管理及證券方面的知識，所以我在業務部努力了三

年，今年真的想調單位了，提出申請，公司卻不願受理我的申請。我對公司感到非常憤怒與失望，最近負面情緒源源不絕地湧上心頭。繼續待在業務部不符合我的生涯規畫，心想差不多該轉換跑道了。」

話雖如此，K先生並沒有什麼身體上的症狀，既沒有失眠，胃口也還是很好，假日會跟朋友見面，還去參加研討會，生活過得十分滋潤。

簡單地說，他是因為公司沒能實現自己的願望，對環境及工作內容感到很大的壓力，才變成綜合性的高壓力族群，這種人其實並不罕見。

尤其是新人，不滿的源頭通常是「公司不讓我做我想做的事」、「跟我的生涯規畫不一樣」。

如果是像K先生這樣沒有出現身心不舒服的狀況，產業醫生能發揮的作用不大。面談時與當事人一起具體寫下令他感到壓力的原因，然後就交給人事部處理。

向人事負責人回報後，對方的反應是「我非常明白K先生的願望，但公關部和企畫部目前真的沒有空缺。

公司的狀況也岌岌可危，無法再增加人手。K 先生在業務部的工作並沒有什麼太大的問題，但業績也好不到哪裡去。如果想調到總公司的商品企畫開發部或公關部，必須先在業務部做出一番成績才行。我先跟他好好談談。」

「與生涯規畫不一樣」

跟最近的新人談過後，我發現他們對「生涯規畫」或「職業道路」具有非常強烈的意識，似乎有很多人都認為公司是幫助自己實現職業生涯的場所。

　　但是公司並不是實現員工個人職業生涯的「自我實現的支援機構」，絕不是每個願望都能實現。

　　對公司而言，最重要的永遠都是如何提升公司的利益。

　　如果是有良心的公司，確實會思考如何協助員工成長、幫他們實現自我，但基本上一定還是以組織的利益為優先。

　　進入社會的時間愈短，愈無法從組織整體的角度來綜觀大局，很容易站在「對自己理想中的職業生涯有沒有幫助」的角度來面對工作，對沒有幫助的工作不感興趣，甚至感受到強大的壓力。

　　我剛從大學畢業的前幾年也有這樣的心情，但現在再回頭去看，只覺得無地自容。當時我的經驗還不夠，所以看事情的角度還擺脫不了學生心性。

　　我猜是後來一點一滴地累積出社會工作的經驗，得到周圍前輩的叮嚀與建議，逐漸扭轉了觀念。

　　幸好 K 先生公司的人事負責人是非常穩重的人，耐心地與 K 先生面談，向他說明公司的現狀，提出具體的建議，告訴他

該怎麼工作，才能在這家公司實現他理想中的職業道路。

　　與人事負責人面談後，K 先生改頭換面，承諾「我決定再努力一下，在業務部多留下一點成果。如果做出成績還是無法調單位的話，我就會考慮換工作了」。

因為意料之外的人事變動，而出現心理問題

　　經常有人因為被調到自己不想去的單位，心理暫時出問題而來找我面談。

　　他們或她們都異口同聲地說：「我不想調單位，卻面臨莫名其妙的人事異動，令我不知所措。」、「現在的工作不符合我的生涯規畫。」其中還有人哭訴自己出現「不想上班，憂鬱到都哭了」、「晚上睡不著覺」的症狀。

　　身為產業醫師，我建議他們接受治療，盡可能減輕這方面的症狀，幫助他們找出令自己「情緒低落」的問題。

　　大部分因為意料之外的調動而煩惱的人，很可能並不清楚

異動的理由。所以我建議他們先詢問人事部或主管「為什麼要把我調到別的單位」。

我有很多機會可以跟人事部談話，所以我深知，公司做任何人事異動的安排都有其原因。

對公司而言，任何異動都是為了讓員工的能力發揮到淋漓盡致，以增加獲利。因此不見得會優先考慮到個人的希望或生涯規畫，這也是沒辦法的事。

好比說，公司經常會因為下列正面的理由做出人事異動的安排。

▼ 為了讓員工成長，希望他們學會新的技能或經驗。

▼ 考慮到將來成為主管的時候，希望他們能對分公司或分店、工廠的第一線有所了解。

▼ 希望員工在○○部長底下學習管理能力或溝通能力等，現在還不夠完美的部分。

▼ 調過去的部門目前處於一灘死水的狀態，希望藉由投入新血，有新的觀點及想法來活化該單位。

像這樣知道公司的期待，就很清楚自己在新的部門該做什

麼，或許就能轉個念頭，在新的部門努力下去了。

另一方面，也可能因為下列負面的理由做出人事異動的安排。

▼ 業績在現在的單位遲遲不見起色，或許不同的單位更適合他，更能一展長才。

▼ 這幾年都待在同一個單位，工作模式已經變得制式化了。希望他去新的單位接受刺激，繼續努力。

▼ 他本人或許沒意識到，但說話方式及態度逐漸出現職場霸凌的傾向，有時還會擅自行動（不聽從主管的指示，上班時做自己的事）。

▼ 經常遲到早退，動不動就請假，給同事帶來困擾，造成負擔。

如果是這種非正面的理由，公司通常都不會告訴當事人。或許是為了不傷害員工的自尊，以免員工調過去以後喪失工作的幹勁，但如果有這種負面的原因，還是應該一五一十地告訴員工，要求對方改善，否則相同的情況只會一再重演。

搞清楚調動的理由後，無論是什麼理由，都必須轉換心情，

下一階段才能在新的單位努力下去。

　　因為不是自己期望的人事異動，想必一時之間會非常痛苦。在新的單位習慣人際關係及工作之前，壓力肯定非常大，其中也有人會向公司遞出辭呈「我無法忍受這樣的調動」，開始另謀高就。只是身為精神科醫生，我不建議這麼快就換工作。

　　這是因為如果在壓力的漩渦中做出重要決定，很容易判斷錯誤。

　　「當身心處於充滿壓力的狀態，千萬不要做出足以左右人生的重大決定」在精神醫學是很基本的常識。

　　如果太著急，找到的新工作條件可能會比原本的公司差。更重要的是，如果有很大的壓力，心情自然不可能太平順，這種人就算去面試也很難錄取，萬一找工作的期間拖得比想像中還久，心理狀態也會隨之惡化。

　　如果是加班已經常態化到有過勞死的風險，職場霸凌已經嚴重到病態的地步，就一定要趕快逃離這種黑心職場，否則最好不要急著轉換跑道，以免做出錯誤的決定。

　　剛調單位的那幾個月一定要提醒自己攝取營養的飲食與充足的睡眠，讓身心處於良好的狀態。

　　最初的兩、三個月可能會因為不熟悉的環境、不習慣的人

際關係讓自己感覺比想像中還疲勞。細節在第三部再做說明，總之就連平日也要確保六小時以上的睡眠時間，透過飲食攝取充分的蛋白質及維生素、礦物質，以消除身心的疲勞。

照顧好自己的身心，先觀察半年左右，如果還想換工作，到時候再付諸行動也不遲。

「這一年先試著做好這個部門給我的工作吧」像這樣事先給自己訂一個期限也是我推薦的好方法。以前面談過一位在製造業上班的男性，似乎就給自己一個期限「接到人事命令時，因為是我一點興趣也沒有的領域，我起先很失落，但是為了自己的職業生涯，我決定先努力一年再說」。結果業績比想像中好，受到主管的肯定，也逐漸愛上那個領域的工作了。

反之，如果決定好期限，也好好地努力過了，還是不喜歡那個部門的工作，始終無法適應的話，可能會一面向公司申請調單位，一面開始另謀高就。這時也可以換個角度想，告訴自己「就當是為了生活，先花最小的力氣為現在的部門工作」，再把省下來的力氣用來找工作。

當然也有人還沒找到新工作，就因為公司的狀況發生變化，又接到新的人事命令，從此開始發光發熱，或是以升職加薪的方式跳槽到另一家公司。

總而言之，調單位其實是重大的人生轉機之一，因此請不要著急，先慢慢地整理好自己的心情，再以積極的心態重新出發，這點非常重要。

08 | 中堅力量
蠟燭兩頭燒的責任會變成壓力！

最容易過勞與感受到變化壓力的世代

　　三十而立之年成為了公司的中流柢柱，同時也徹底學會如何做好一個社會職場人，此時經驗豐富、精力和活力充沛，正足以獨當一面，前途無量；是最不知道疲憊為何物，混得風生水起的時期。

　　通常從這個時期起，公司會開始根據個人的能力，交付中階主管的管理責任。

　　另一方面，這些人的家庭生活也面臨了結婚、生兒育女等各種人生大事，可以說是人生中最多變化、忙得不可開交的時期。

但如同前一部【03 變化壓力】也說明過，所有的變化都會變成壓力。即便是結婚、生子這種讓人歡欣鼓舞的人生大事，可能也會變成壓力，不可掉以輕心。

以下為各位介紹幾則職場中階管理者比較常見的案例。

案例 ①

升職後有了下屬反而令人憂鬱

T 先生在科技業當系統工程師。

做事認真，人也隨和，顧客對他的評價一直都很好，他也一步一腳印地提升自己在公司裡的風評。

自春天起，他升為組長，成為某個專案負責人，需要管理幾個下屬。第一次升職且當上主管，讓 T 先生非常開心，起初也幹勁十足。

然而過了半年，T 先生開始像變了一個人。以前幾乎可以拿全勤獎的 T 先生開始經常以身體不舒服為由遲到。原本個性溫和、笑容可掬的表情也消失不見，變

得滿臉陰沉，不再與任何人談笑風生。

主管很擔心，向人事部報告，安排他與產業醫師面談。

走進面談室的 T 先生臉色不太好，表情也很陰鬱。我問他：「聽說你最近身體不太舒服，經常遲到，今天還好嗎？」

他告訴我：「老實說，我晚上都睡不著。這一、兩個月幾乎每天都只睡兩～三個小時。」

仔細地詢問確認後才得知前因後果。一開始他真的很認真，由於兩名下屬的其中之一做事太慢，經常犯錯，他不僅自己跳下去幫忙，也要求另一位下屬多擔待一點。結果因此必須多做事的下屬開始表示不滿：「為什麼只有我的工作量特別多？太不公平了吧。」向 T 先生抱怨。

受到下屬的投訴，T 先生大受打擊，試著公平地分配工作。但為了配合動作比較慢的下屬，整個專案的進度都被拖累了。T先生相當自責，為了彌補落後的進度，

每天都加班到趕最後一班電車回家，忙得焦頭爛額，沒及時發現動作比較慢的下屬犯了錯。結果導致專案發生致命的失誤，主管及客戶都嚴厲地責怪他：「怎麼會搞成這樣！」

　　T先生擔心得晚上睡不著，早上起床頭痛欲裂，吃了止痛藥之後還是勉強自己進公司，勉強自己處理海量的工作，如此週而復始地過著每一天。T先生向我求救：「我不想再當專案組長了，也不想再帶下屬了，只想回到能專注於自己工作的狀態。」

　　以上的案例經常發生在剛升上中階主管，經驗尚淺的人身上。

　　他們身處下屬的要求與主管或客戶的要求之間，變成夾心餅乾，左右為難，導致身心失衡。

　　尤其像T先生這種在職場上習慣默默做自己的事，性格比較溫和，不擅長面對強勢的人，也害怕被人討厭，一旦擁有下屬，就很容易陷入這種窘境。

升職後有了下屬反而令人憂鬱

我也見過幾個年輕主管甚至反過來「被下屬職場霸凌」，他們的狀況是下屬採取不合作的態度或說話很難聽，因為他們無法從中斡旋而心態崩潰。

這些人本來都是相當專注自己的工作優秀員工，不擅長用嚴肅的態度提醒別人或做出指示、命令。性格也很溫柔敦厚，屬於不會說不的人，這種人最容易被下屬牽著鼻子走。

因此，不要因為員工能力強就貿然提拔，馬上要他們帶領下屬，要有緩衝期，先慢慢培養出他們的領導才能，建議先讓他們擔任「主管的見習生」。

必須先讓他們接受「成為主管的教育」，細心指導他們如何管理下屬、如何提出建言、如何應付下屬的反彈。也可以積極地讓他們參與公司外部的管理課程。學會身為主管的技能以後，再讓他們成為獨立作業的中階主管，就不會像 T 先生那樣，發生「無法適應管理職」的狀況。

T 先生的失眠症狀及抑鬱狀態還會頻繁地引起劇烈的頭痛，因此我立刻請他去身心科接受治療。同時也向公司的人事部回報，建議公司「能否先暫時免除 T 先生的管理職，大幅減輕他的工作量與責任」。

由於 T 先生的工作能力受到公司極高的評價，因此人事部

也馬上採取行動，按照 T 先生的希望解除他的管理職，調離專案小組，讓他以自己的步調工作。

身心科的治療也很有效，T 先生的身體逐漸恢復健康，幾個月後就連表情都恢復原本的平靜，又開始露出溫和的笑容了。

案例 ②

熱愛工作反而陷入嚴重的過勞

O 小姐是精明幹練的女強人，在大型製造業的公關部當課長。每個月的加班時數超過八十小時，且長達半年以上，因此公司命令她與我面談。

O 小姐是自己與眾人眼中的工作狂。當時部門的人手因為有人請產假或辭職而人員缺乏，O 小姐長達一年每個月的加班時數都幾乎達法定上限。O 小姐走進面談室時，臉色很差，看起來相當疲勞。長髮也毫無光澤、毛燥枯黃。

我問她：「妳似乎一直在加班，身體還好嗎？」O

小姐看起來有些不耐煩地說：「我每天都加班到趕最後一班電車回家，累得跟狗一樣。而且始終無法消除疲勞。」我又問她：「睡眠呢？」她沒好氣地回答：「我已經好幾個月只睡三～四個小時了。因為每天晚上都半夜十二點才回家，還要洗澡、做家事，上床的時候已經兩點多了。而且早上六點就要起床準備上班。」

　　她說這半年來嚴重睡眠不足，腦子昏昏沉沉，注意力不集中，大錯小錯不斷，還經常翹掉與下屬的會議。有時週末也要進公司，或是在家裡工作，每個月真正的休假只有兩～三天左右。因為太忙了，吃得也很隨便，幾乎都是邊工作邊吃個飯糰或麵包打發一餐，深夜回家更是沒有胃口，也經常不吃晚餐。

　　觀察健康檢查的結果，O小姐的體重這半年來掉了五公斤，原本就有點貧血的症狀，如今更加惡化，已經到了必須接受治療的地步。最近早上還會感到頭痛或暈眩、心悸，所以也經常遲到。

　　我聽得心驚肉跳，告訴她：「妳的疲勞狀態已經很

「熱愛工作的人」很容易過勞

嚴重了，對專注力及記憶力皆已造成傷害，由於營養不良也導致貧血惡化，再這樣下去，遲早會病倒喔。」不料 O 小姐一臉焦慮地回答：「不行，我不加油的話，就沒有人工作了，所以不是我想休息就能休息。這個專案對公司來說相當重要，我也投入了很多心血。再半年就能完成了，所以我必須撐下去。我也曾經提出請公司加派人手，但公司始終沒有動作，我也很無奈。」

我向她說明再這樣下去，她一定會過勞病倒，也通知人事部要立刻減少 O 小姐的工作。O 小姐起初十分抗拒：「我現在不能減少工作。」但我警告她如果睡眠不足的狀態再持續下去，可能會犯下無法挽回的大錯，貧血再嚴重下去的話，暈眩及心悸嚴重也會讓她必須停職休養，最糟糕的情況可能還會過勞死，這才好不容易說服她。

人事負責人也很驚訝：「我真的不知道 O 小姐的健康狀態已經糟到這個地步。她在公司裡也算是有名的工作狂，是我疏忽了。」

　　結果公司從別的部門調來兩個有經驗的人，大幅縮減 O 小姐的加班時數。一個月後，我再次與 O 小姐面談時，跟上次不一樣，不但仔細地化了妝，頭髮也不再亂七八糟了，還戴了金色的耳環，看起來十分明艷動人。

　　「確實如您所說，我當時的狀態真的很危險。這點我在休息時充分地感受到了。不用加班後，我一閉眼就睡得不省人事，好幾天都睡超過十個小時以上。還去了我以前固定去的內科醫院看診，被醫生狠狠地罵了一頓，說我嚴重貧血、營養不良。上個月的腦子似乎變成一坨漿糊，思考能力大幅降低，工作效率也很差。現在倒是神清氣爽多了，工作效率是以前的兩倍以上，根本不用加班。」O 小姐心平氣和地說道。我這才發現，原來她是這麼優雅的女性啊。

不能過度依賴心理素質強大的員工

　　無論什麼樣的職場，都有像 O 小姐一樣熱愛工作、心理素質強大的員工。

　　充滿幹勁、精力充沛，從不疲憊地加班，忙起來經常三更半夜才回家。因為敢大大方方地說出自己的意見，也總能搞定所有困難。對「酒聚」來者不拒，交際手腕也不差，有些人甚至連假日都一大早就神采奕奕地去打高爾夫球或參加各種休閒活動。

　　只不過，無論這些人再怎麼喜歡工作，心態上都有可能出了問題。

　　我至今已經看過無數「我做夢也沒想到自己居然會得憂鬱症」的工作狂，周圍的同事和主管都充滿驚訝地說：「那個人的內心居然會出問題」。

　　根據我的經驗「心理素質強大的員工反而心理出問題」主要發生在以下三種情況。

情況（1）：陷入看不見終點的超時工作時

O 小姐就是這樣。不少心理素質強大的員工忙起來時，對於要長時間加班的狀態根本不以為意。即使因為公司強制他們與醫生面談，通常也講不上兩句話就說：「別擔心，我很好。」然後草草結束對談。

無論心理素質再怎麼強大，如果一直看不到盡頭地長時間加班還是要小心。他們的工作表現受到肯定，被拔擢為大型專案的組長、被任命為重要的部門領導者，但這麼一來，因為工作壓力變大了、工作量變多了，整組的工作人員都很可能一起陷入慢性疲勞。

工作順利的話還好，但萬一發生什麼問題或有臨時的插件，業務量就會瞬間爆炸，抗壓性較低的員工很容易生病，使得他們不得不脫離戰線。

但即使有人退出項目，公司也經常遇缺不補，加上新人通常也不願意長時間加班，導致主管或領導者必須彌補因為人手不足所多出來的工作。這麼一來，每晚趕最後一班電車回家、睡眠不足就會變成常態。就連週末假日也要工作……導致身心疲憊。

如果這種狀態持續半年以上，心理素質再強大的員工也會

出現身體或心理上的問題。

　　我也聽過有人說：「感覺就像在看不見出口的漫長隧道裡全力奔跑，不知道這種狀況要持續到什麼時候，感到筋疲力盡。」、「一直處於忙得焦頭爛額的狀態，與家人的關係也變得怪怪的……開始不曉得自己到底為誰辛苦為誰忙。」

　　因此，愛惜人才的公司不該太依賴這些心理素質強大的員工，而給這些人太多壓力。尤其是變成責任制的主管，必須隨時檢查員工是否超負荷工作。

情況（2）：家人生重病時

　　如果家人生病住院，就算是心理素質強大的員工也很容易心理出現問題。

　　尤其如果是家庭裡的妻子生病住院，很久不見起色時，原本工作得有聲有色、心理素質強大的男性員工多半都會陷入心理出問題的狀況。

　　因為大部分家裡主要都是由妻子做家事、育兒，妻子一旦病倒，家裡就會一口氣陷入紊亂的狀態。如果父母能在身邊幫忙那還好，如若不然，就必須由丈夫一肩扛起不熟悉的家務、照顧子女、接送子女上學，這些看似簡單實則不輕鬆的工作，

對丈夫來說其實是難上加難。

而且男性通常無法在職場上提出「我還要做家事、帶小孩，希望能減少我的工作量」的要求，很容易過於勉強自己。

當然，也經常可以看到子女或家人生病、長期住院，女性員工為了照顧病人，陷入過勞狀態，導致心理出問題或身體不舒服。下了班就直奔醫院，照顧病人，一直忙到三更半夜，久而久之，肉體、精神的疲勞都會達到最高點。

還有一種情況是住在遠方的年邁父母健康狀態急劇惡化，每次放假都要長途跋涉地往返於住家與老家之間，尋找養護機構、辦理入住手續，忙上好幾個月，身心的能量都消耗殆盡，甚至因此罹患憂鬱症。

不管是男性還是女性，如果像這樣長期處於私生活壓力爆棚的狀態下，請先誠實地與主管或人事部商量，請主管或人事部幫忙調整工作量。

情況（3）：長期面對客訴或受到職場霸凌時

心理素質再怎麼強大的員工，也無法長時間承受負面的人際關係壓力。

舉例來說，有個本來就不擅長交涉的四十歲男性中階主管，

自從開始負責一再提出無理要求的客戶後，身心都生病了。

那位客戶是不僅會單方面改變交期、要求公司提供合約外服務、不斷地雞蛋裡挑骨頭，甚至還會破口大罵的類型。幾個月來這個中階主管被這位為所欲為的客戶整得七葷八素，好不容易完成工作，才鬆了一口氣，心悸、冷汗直流的恐慌症就發作了，不得不請長假在家休養。

另一個例子是在某家大型美容公司上班的職業婦女，擊垮她的原因是職場霸凌。因為某分店的店長突然生病，總公司拔擢她為臨時店長，但她發現那家店的員工會擅自跳過公司的規定私下販賣商品，或是在工作時間偷偷休息。於是她糾正、指導了那些員工，沒想到那些員工反而惱羞成怒，聯合起來不向她報告工作上的事宜，明目張膽地當她不存在，還故意扔掉她的信件或私人物品等等，合夥惡整她。

她以前都與總公司的商業菁英一起工作，對於這些幼稚且惡意的作法大吃一驚，同時也大受打擊，找總公司的主管商量，無奈主管堅持「只剩幾個月了，請再忍耐一下」。於是她逐漸陷入失眠狀態，胃口也變得很差，去身心科看診，醫生診斷她得了「適應障礙」，幫她開了留職停薪的診斷書。

如同以上這些例子所示，長時間暴露在無理的客訴或職場

霸凌下，即使是過去工作得有聲有色，心理素質十分強大的人，也會因為壓力太大而導致心理出問題。

其實，公司放任這種情況繼續下去也助長了此不良風氣。如果是荒謬無理的客訴，不要只丟給同一個人負責，請委派多一些人去處理。至於手段陰險的職場霸凌，則必須採取更慎重的對策，像是遣派更有威望、經驗更豐富的人前去擔任主管，而不是放任不管。

有小孩以後更累了

Y 女士是製藥公司的業務員。

她的工作是每天開著公司的公務車拜訪各大診所及醫院，提供醫藥用品的資訊。是一個非常優秀的業務員，深受診所或醫院的醫生信賴，業績很穩定地向上成長。

然而某一天，她居然在開車的時候打瞌睡，發生追

撞車禍。主管問她怎麼會這樣，她回答：「最近一直覺得很疲勞，不小心就睡著了。」公司於是安排了我和她面談，才知道原來是因為發生了一些狀況。

「八個月前，我的孩子出生了，孩子每天晚上都哭個不停。我很喜歡工作，所以不想請太長的產假，沒多久就回到工作崗位上，白天把孩子送去托兒所，與丈夫分工合作，輪流去接小孩和照顧夜夜啼哭的小孩，可是有時孩子哭得太厲害，不得不半夜載著孩子開好幾個小時的車安撫他。即使不是輪到自己照顧小孩，也會被孩子的哭聲吵醒。本來還能趁晚飯後的空檔在沙發上小睡片刻，補充一下睡眠，但自從兩個月前晉升為組長，每天吃完晚飯後還得檢查下屬的報告信、解決下屬的問題，再也沒有時間小睡片刻。睡眠不足的情況愈來愈嚴重，開車時就不小心打瞌睡了。」

Y女士顯然陷入極度睡眠不足的狀態。在這種狀態下還要開車實在很危險。Y女士眼泛淚光地說：「事實上，我也曾想過要不要辭去組長的職位……。可是好不

容易受到拔擢卻自己放棄的話，在累積資歷這方面實在很可惜，所以我想再努力一下，撐過小兒夜啼的這段期間，沒想到會出車禍，真的很抱歉。」

聽完我的報告，人事負責人與她的主管立刻一起研擬對策，決定先解除 Y 女士的組長工作一年。主管向她說明：「一年之後，等孩子不再夜夜啼哭，希望妳能再回來當組長。」Y 女士也終於鬆了一口氣。

除此之外，我還建議她先請一週左右的特休，先解決身體的疲勞與睡眠不足問題，公司與 Y 女士都同意了。

放完特休，Y 女士的表情明顯變得開朗許多，笑著說：「心情和身體都煥然一新。我反省自己是不是太執著於組長這個職位，過於勉強自己了。再這樣下去根本無法好好照顧老天好不容易賜給我的寶貝孩子。」

因為過勞在開車時打瞌睡

育兒壓力太高的時候要「放慢腳步」

三十歲到四十歲的人通常會經歷生兒育女這件人生大事。

當今社會雙薪家庭日益增多，父母通常都會承受到非常大的壓力。尤其是小孩剛出生到小學低年級這段時期，需要花非常多時間與精力照顧小孩，往往無法隨心所欲地工作。

積極參與育兒的男性也大幅增加，所以並不是只有女性會像Y女士這樣因為「育兒壓力」影響到工作。男性員工因為「照顧小孩太吃力了，希望能免除我的管理職」、「現在的工作來不及接小孩，希望能換部門」來找我商量的案例也越來越多。

我也曾經邊工作邊帶大兩個小孩，所以非常能理解這段期間的辛苦程度。這個階段經常會因為孩子而無法隨心所欲地工作、也沒有自己的時間，經常會因此感到心浮氣躁。而且孩子還小，照顧起來相當耗費體力，也累積了許多疲勞。

作為育兒輩的前輩，我提供的建議是，奉勸各位隨時提醒自己：「不要焦慮」、「不要比較」、「不要太努力」這三個不，撐過這段期間。

145

孩子還小的時候「❶ 不要焦慮」、「❷ 不要比較」

孩子愈小，就愈無法隨心所欲地工作。眼看著沒有孩子的同事輕鬆搞定繁重的工作，受到重用，累積了研習或留學等經驗，提升自己的技能，自己卻只能縮短工作時間，提早下班，趕快去接小孩，難免感到焦慮「再這樣下去真的沒問題嗎？」

我也曾有過因此心浮氣躁，陷入自我厭惡的經驗。幸好有一次，我尊敬的老師這樣鼓勵我：「妳現在是在培育未來要扛起整個國家的優秀人才喔，育兒工作其實非常重要。請從更長遠的目光看待自己現在做的事，也更引以為傲一點。」

另外，有位幼兒教育專家的前輩媽媽則是給我以下的建議：「大部分的工作都還有機會挽回，但子女的成長只有一次，所以不要著急！」

她說的沒錯，如果不多花點時間與子女相處，可能會忽略掉子女發出的求救訊號。

舉例來說，孩子從托兒所或幼稚園回到家，一起吃飯或洗澡時會吱吱喳喳地說出與朋友的糾紛：「我跟妳說喔，今天啊，我跟〇〇同學……」

即使孩子如此已經十歲了，當我們吃飽飯，我在洗碗的時候，孩子也會突然在我背後幽幽地說：「其實啊，前陣子有人

146

說我……」諸如此類的傷心事。

有時候即使父母主動詢問：「今天發生了什麼事？」孩子也不見得會立刻說出心裡話。孩子往往是在與父母一起度過悠閒的時光中，慢慢整理好自己的心情，等到時機成熟時，才會發出求救訊號。

最近的新手爸爸、媽媽透過社群軟體或網路可以接收到非常多的資訊，所以經常聽到他們沮喪地說：「比起別人的職業規畫或教育方式，我覺得自己好差勁。」每次我都會告訴他們我自己的經驗，請他們「不要焦慮」、「不要比較」。

育兒壓力太大的時候「❸ 不要太努力」

想完美地兼顧工作及育兒，太過於努力的話，爸爸媽媽的身心都會疲勞困頓，失去內心的餘裕，笑容減少，態度像是吃了炸藥。如此一來，不只孩子，也會對夫妻感情造成不良的影響。

孩子最想看到的莫過於爸爸媽媽的笑容，爸爸媽媽的笑容會讓他們在精神上感到放心。所以請先盡可能確保自己有足夠的睡眠、用餐時間。

孩子還小的話，需要花很多時間和體力照顧，所以可以偷懶的家事就偷懶，自己也要擁有充分的營養與睡眠。

要是犧牲睡眠時間，努力工作到累得像條狗的地步，甚至搞壞身體，只會給公司和家人添麻煩。

重點是要告訴自己「現在是照顧孩子最辛苦的時候，必須放慢工作上的步調」。

當孩子成長到不需要費心照顧，有愈來愈多的時間可以花在工作上，能再次專心工作時，應該會發現為了照顧小孩而放慢腳步的經驗絕不會白費。

以下介紹幾句經歷過育兒的各年齡層上班族爸爸、媽媽說的話給大家參考。

▼「透過育兒得以認識至今不曾想像過的新世界。透過各種與育兒有關的服務拓展視野，發現原來還有這樣的需求啊，對自己的工作也是很好的刺激。」（三十歲男性，廣告業）

▼「與孩子一同成長，重新體驗自己早已遺忘的兒時回憶，也能理解父母的辛勞，感覺愈來愈能站在別人的立場想事情了。」（三十歲女性，教師）

▼「一看到什麼育兒書及聽到有什麼育兒講座的資訊就撲上去，囫圇吞棗的過程中，學會了從心靈的角度協助孩子成長的方法。這些經驗在工作上的人際關係也非常受用。」（四十歲女性，主管）

▼「我的孩子有發育遲緩的傾向，經常不想去學校，有過一段非常辛苦的時期，但總算撐過去了，自己內心也變得強大。與此同時，對弱勢族群也比以前更有同理心。」（四十歲男性，醫療業）

▼「以前不管做什麼，都覺得自己比不上別人，曾經很沒有自信，可是看到孩子長大成人，進入社會的模樣，開始對自己有一點信心『像我這種人也能養大一個人類啊』。」（五十歲女性，行政工作）

希望現在覺得「好辛苦」的上班族爸媽都能以長遠的目光來看待自己的人生，好好地照顧小孩。記住「不要焦慮」、「不要比較」、「不要太努力」這三大重點，在不要勉強自己的前提下兼顧工作與育兒。

因成果壓力患上恐慌症

G先生在成衣公司上班。

他很優秀，業績也很好，幾年前被拔擢為在東京都內也算是重點分店的大型店鋪店長，工作非常努力。

可是自從一年前起，店鋪的營業額陷入瓶頸，再難以達成業績，經常受到區經理施加的壓力。再加上半年前，G先生十分仰仗的副店長生病請長假。店裡只剩下經驗尚淺的員工，G先生白天要指導店員，管理店內的大小事，打烊後還得獨自處理會計等業務，一個月的加班時數高達六十小時。

每週只有一天的休假也經常接到員工打來問問題的電話，要是出了什麼狀況，還得馬上趕去處理，每天忙得焦頭爛額。

G先生開始變得滿腦子都是店裡的事，每當電話響起，全身就會緊張繃緊。不僅如此，每次隨著必須向前

沉重的成果壓力引發恐慌症

來視察的區經理報告營業額的日子逼近，他都憂鬱到睡不著。

某天早晨，G先生跟平常一樣搭電車前往店鋪時，全身冒冷汗，呼吸困難，心悸得很厲害，整個人站不起來。在其他乘客的攙扶下下車，G先生立刻被救護車送到醫院，但是並沒有發現異常，只打了點滴就回家了。

然而自從那一天開始，G先生工作時或上班途中開始頻繁地感到心悸及呼吸困難，不是搭電車時因為不舒服提前下車，導致遲到；就是在服務客人或開會時心跳加速，無法完成工作。上述的症狀令他愈來愈不安，晚上都睡不好。

無計可施的G先生向總公司的人事部報告，與我面談。這是典型的「恐慌症」，所以我火速給他寫了身心科的介紹函。

他立刻接受恐慌症的藥物治療，可惜已經出現症狀的心悸或呼吸困難、不安並非一朝一夕就能治好，因此G先生還是請了長假。

三十歲到四十歲是責任愈來愈重大，工作品質也備受要求的時期。

愈是像 G 先生這樣能幹的員工，愈容易受到公司的期待，增加其身為主管的工作，分配很多下屬給他，要求他完成管理的業務。

身為專案小組的組長或部門的領導者，有不少人每天都得對抗營業額或合約件數這些「數字」的壓力。

當我以產業醫師的身分與他們面談時，遇過很多人抱怨「白天要指導下屬或收拾下屬製造的爛攤子，沒時間做自己的事，下班後才能開始處理自己的工作」。

也有人像 G 先生這樣，假日還要接下屬的電話或回覆問問題的電子郵件，協助他們應付客人或處理店裡發生的狀況。

當這種精神上的壓力及肉體上的疲勞一再累積，達到臨界點時，不少人就會像 G 先生這樣自律神經失調，引發恐慌症，或是不安、失眠，引起各種心理出問題的症狀。

除此之外，當上述的精神壓力及肉體疲勞一再累積，也有很多人會因此引發慢性的過敏性腸胃炎，反覆地肚子痛或拉肚子（或者是便祕），或是包括壓力型的胃潰瘍在內，持續胃痛的慢性胃炎或消化不良、胸悶或感覺呼吸困難的胃食道逆流。

另外，因為精神上的緊張造成的肩頸痠痛長期下來會形成緊張性的頭痛。

當身心疲勞無法消除，感覺嚴重的暈眩或耳鳴時，還會演變成梅尼爾氏症。

一旦壓力與疲勞在不知不覺中一點一滴地侵蝕掉各位的健康，就會引發這些壓力症候群。

要小心隱性疲勞

三、四十歲的人因為體力充沛，多半不會意識到累積在體內的疲勞及壓力。

尤其是被責任重大的工作追著跑的人，請檢查自己是否有以下「隱性疲勞」的症狀。

▼ 因為工作或人際關係，比平常更在意細節。

▼ 因此經常不小心思考到三更半夜，或是一大早就醒來，愈來愈無法熟睡。

▼ 覺得身體有氣無力的日子好像增加了。

▼ 比平常更容易覺得工作及做家事等例行公事「好麻煩
啊」，很容易煩躁。

▼ 還沒有嚴重到要去看醫生的消化不良、便祕、拉肚子、
肩膀痠痛、頭痛、耳鳴等毛病比以前更常出現。

▼ 試著為假日安排行程，可是當真的要出門的時候，總覺
得提不起勁來，不太想出門。勉強自己出門也玩得不開
心。

如果有這方面的症狀就要小心了。因為以上是疲勞累積久
了，引起自律神經失調的初期症狀。

這種狀態往往可以靠體力及意志力克服，所以很容易忽略。

**「好像有點無精打采，得更努力才行」、「為了達成業績，
得繃緊神經才行」要是一直這樣強迫自己再接再厲，就很可能
真的會陷入身心失衡的狀態。**

**一旦身體出現這樣的訊號，請先要求自己務必讓身體和心
靈休息一下。**

後面章節【第三部分】將仔細地為各位解說關於睡眠的自
我保健之道，但平常就要盡可能確保「六小時以上」的睡眠時

間。倘若每週出現好幾次因為老是掛心著工作上的事，導致神經緊繃，很難熟睡，至少要花一個小時以上才能入睡，或是半夜醒來兩次以上的症狀，還是建議去看身心科或精神科、內科，請醫生開立劑量不高的安眠藥。倘若失眠的症狀繼續惡化，身心就會愈來愈失衡。

如果「不想每天吃安眠藥」，也可以一週只吃一、兩天，光是能睡好、睡熟，就能消除大部分的疲勞。

另外，請盡可能多花點時間慢慢地品嚐午餐或晚餐，讓自律神經趨於平衡。即使是工作時因為太忙、無法放鬆，有點過度緊張的人，也能藉由多花點時間吃午餐或晚餐，讓自己放鬆下來。

為了確保身心有充足的休息時間，假日必須有「能完全離開工作的時間」。要是像 G 先生那樣，假日也來者不拒地接收員工或顧客的電話轟炸，其實還是等於是在加班，也會形成很大的問題。

以往的業務員或店鋪的主管經常在自己休假的時候，回覆工作上的訊息和電話，因此請不要遵循過去的陋習，要好好地區分開機與關機的時間。

附帶一提，留職停薪的 G 先生三個月後就恢復健康，回到

店長的工作崗位上。公司安排資深員工當副店長，讓 G 先生放假時可以完全擺脫工作上的電話，假日不用再去加班。也請區經理對業績的要求別太嚴格，以免將店長逼入絕境。

在那之後，G 先生的身體沒有再出過大問題，一面持續回診，一面繼續擔任店長的工作。

09 | 資深員工
體力衰退、不再健康也會造成壓力

當上主管，也意味著責任更重大

年過四十五歲，名符其實都是資深員工了。工作經驗及知識也有了一定程度的積累，因此很多人都已當上主管。不再有機會在第一線衝鋒陷陣的同時，責任也相對高到爆表。

至於肉體方面，年過五十後，不分男女都必須面對「老化」的問題。跟過去比起來，體力明顯衰退，無論男女都會進入更年期，健康很容易因為文明病等出問題。

另外，一旦進入五十歲，身為組織的一員，也不得不意識到退休這個終點，必須思考該怎麼面對接下來的人生。

以下帶大家看幾個案例。

案例 ①

腦中風需要長期休養，無法重返職場

F 先生是證券公司的營業員。

年輕時即已混得風生水起，幾年前成為地方大型分行的分行長，工作得有聲有色。最後終於實現自己的心願，分行業績拿下全國第一名，在慶功宴上乾杯時，F 先生突然倒在地上，緊急送醫。

緊急檢查的結果，發現 F 先生腦中有大範圍淤血。其實自從 F 先生三十五歲以後，醫生就警告他有高血壓。每次健康檢查，醫生都要他接受治療，但他非常討厭看醫生，也非常討厭吃藥。一再嘴硬「一旦開始吃降血壓的藥，一輩子都無法停藥了。而且藥有副作用，非常可怕。只要結合減肥和運動，血壓就會自己降下來」，拒絕接受治療。

然而根據家人透露，F 先生當上分行長後，每天都忙得不可開交，經常三更半夜才回家，週末也很少悠閒地待在家裡，不是陪客戶打高爾夫球，就是積極地參加

各種活動。

四十歲以後，高血壓逐漸惡化，已經超過 170 ／ 100mm Hg，卻還放著不管。

本來如果有這種高血壓的員工，產業醫師都會建議他們去看醫生，要求公司設定加班的限制，直到血壓下降為止。但這家公司只有總公司有產業醫師，無法照顧到地方的分行。

F 先生放著高血壓不管的結果，連動脈硬化都惡化了。再加上不規律的生活，膽固醇及中性脂肪的數值都很難看。

如此這般，某一天，F 先生的腦血管終於堵住，發生大範圍的腦中風。

由於腦中風的範圍遍及整個左大腦半球，F 先生在鬼門關前徘徊了兩週，好不容易撿回一條命，但也留下右半身麻痺的後遺症，右手和右腳完全動不了。

再加上大腦的語言中樞也受到損傷，無法正常講話。語言中樞一旦受到損傷，就無法說出想說的話（運

動性失語）或無法理解對方說的話（感覺性失語）。

　　F先生雖然撿回一條命，但也因為右半身的麻痺與失語症，無法再工作了。

放著高血壓不管病倒了

F 先生是我還是實習醫生的時候遇到，多年後還是記憶猶新的病人。

　　F 先生長期住院，努力復健的結果，半年後可以拄著拐杖走路，也能說出「啊，這個」、「嗯，對啊」的隻字片語。

　　只可惜失語症無法完全復原，這輩子可能都無法正常地說話。所以等到留職停薪期滿，F 先生就辭職了。

員工有接受健康檢查的「義務」！

　　根據健康檢查的結果，血壓及血糖、膽固醇或中性脂肪等與脂肪有關的數值、肝功能指數從四十歲開始出現異常的人與日俱增。如果是從年輕就開始暴飲暴食、抽菸、運動不足，過著不健康生活的人，肯定會冒出一堆異常的數字。說是糟蹋健康半輩子的人開始還債的時期也不為過。

　　身為產業醫師，我幾乎每天都要看員工的健康檢查報告，經常可以看到像 F 先生這樣高血壓突然惡化，或是出現糖尿病症狀，必須接受治療的人。

有時候還會因為數字真的太糟了，必須要求公司限制其工作強度。

因為有高血壓或糖尿病、肝功能障礙等毛病且嚴重惡化的人，很容易在工作中陷入危險的狀態。

各位每年都有乖乖地接受健康檢查嗎？

事實上，政府規定雇主對在職勞工，依照不同年紀和產業別都有實施健康檢查的義務。對於長期雇用的勞工，企業主（公司）有義務定期讓員工接受健康檢查。勞工，也有接受健康檢查的義務。

順帶一提，勞工不一定要去公司指定的醫療院所做健康檢查，也可以去自己常去的醫院做健康檢查。但必須給公司看報告。

雖然極為罕見，但也有人堅持「健康檢查的結果屬於個資，不想讓公司知道」，但至少必須讓公司知道法律規定的基本項目（例如身高、體重、視力、聽力、血壓、尿液檢查、貧血、肝功能、血脂、血糖、胸部 X 光等資料）才行。

當然，公司也必須慎重地管理健康檢查的結果，徹底地做好個人資料管理。

為什麼政府要規定勞工接受健康檢查呢？原因在於「安全

考量義務」。所有的企業主都有義務讓其所雇用的員工「健康且安全地工作」。

因為政府嚴格要求企業主善盡安全考量義務，因此公司必須提供健康檢查，配合員工的健康狀態，調整員工的業務內容。

如果是有產業醫師的公司，產業醫師會審視健康檢查報告，如果發現員工的數字出現異常，得以請公司要求員工再次接受檢查或接受治療。如果發現員工的健康狀態顯著惡化，得以請公司配合員工的狀態改變作業場所、免除加班或出差等等，對其工作強度做出限制。

如果是沒有產業醫師的公司，則要透過當地的產業保健中心委託產業醫師進行確認，請他們提供意見。做完健康檢查後，如果出現異常數字，應該前往醫療院所進行二次檢查。

我經常遇到明明報告已經指出血壓處於非常高的狀態或糖尿病已經惡化了，產業醫師或健康檢查的醫生都說必須馬上接受治療，當事人依舊相應不理，堅持「討厭看醫生」而拒絕就醫，堅持「我不想吃藥」而拒絕接受治療的員工。

以高血壓為例，倘若健康檢查的結果顯示已經超過 180／110mm Hg 的狀態，產業醫師恐怕都會建議公司「別讓他加班，直到接受治療，血壓下降」或「必須休養，直到血壓下降」。

　　因為倘若在血壓非常高的狀態下繼續工作，不只會像前面提到的 F 先生那樣腦中風，發生腦溢血或心臟病、暈眩、昏迷等各種疾病的風險也非常高。可想而知，如果工作內容是開公司車或在高處作業、處理危險物品，產業醫師很可能會提出該員工暫時不能從事這方面的工作，直到血壓恢復正常為止的意見。

　　糖尿病、心律不整的心臟疾病、腎臟病、肝功能障礙、貧血等疾病若不及早治療或治療得不夠完全，導致嚴重惡化，產業醫師通常會建議公司做出某些作業限制。

所有的疾病都必須早期發現、早期治療

　　早在產業醫師提出作業限制措施的建議之前，通常幾年前的健康檢查結果就已經指出「要再檢查」、「要精密檢查」、「要接受治療」，儘管如此，既不去檢查，也不接受治療，放著不管導致病情惡化的案例占了壓倒性多數。

　　身為產業醫師真的覺得非常遺憾「要是早點開始治療，也不至於惡化成這樣，更不必限制作業了」。

　　當狀態惡化到必須限制作業，不僅員工本人無法發揮所長，視情況在公司裡的風評也會變差。

公司也有公司預定的業務，如果沒有人處理的話會非常困擾，必須派人補上空缺，此舉勢必會給其他員工造成不必要的負擔。

　　事實上，勞工不只有接受健康檢查的義務，也有「努力讓自己保持健康的義務」。稱之為「自我保健義務」。

　　因為健康管理取決於勞工本人的自由心證，勞工本人若不努力採取保持健康的行動，公司再怎麼為員工的安全及健康著想也無濟於事。

　　簡單地說，自我保健義務是指「勞工有義務盡可能讓自己處於能提供業務的健康狀態」。

　　想當然耳，很多疾病之所以會發病可能是因為遺傳或體質、各式各樣的環境因素，光靠本人努力也無法完全預防。

　　但如果是透過健康檢查發現疾病或異常，公司基於安全考量義務，已視情況調整員工的工作強度，要員工去看醫生，以免病情再惡化下去的另一方面，倘若員工本人不願基於自我保健義務，採取迅速恢復健康的行動，一切都是枉然。

　　即使健康檢查發現異常，與產業醫師面談，也有些人會抵死不從地拒絕治療。

▼「雖然我有高血壓，但聽說只要開始服藥，就一輩子都擺脫不了藥物，所以我絕不要吃藥。」

▼「糖尿病要限制飲食，我才不要，還很花錢，所以我不想治療。」

▼「我不想失去喝酒的樂趣，就算肝功能惡化，我也不要去醫院。」

公司無法強迫員工接受治療，但是在健康狀態惡化的情況下讓員工照常工作會違反安全考量義務，因此，公司必須視健康狀態惡化的程度限制員工的工作強度。

萬一公司不理會產業醫師的意見，明知該員工的病情已經惡化了，還讓對方長時間勞動，導致過勞死的話，很可能會扯到職業災害，引發勞動爭議。

這時如果打官司，發現原因出在勞工本身未盡自我保健義務的話，法院可能會做出對勞工非常不利的判決。

日本就有因為長時間勞動發生腦出血，導致過勞死的系統工程師事件（東京高等法院平成十一年七月二十八日判例 1702-88），實際的判例中非常有名。

這項勞動判例認為公司方面違反安全考量義務的同時，也

認為勞工本身違反自我保健義務，雙方都有過失的結果是減少50%的賠償金額。

做出此判決的理由之一是「明明每年都有收到公司的健康檢查通知，也知道自己有高血壓，卻不去看醫生，完全沒有盡到自我保健的義務」。

五十歲以後才調到沒有經驗的單位

B 小姐是在婚顧公司上班的五十歲資深員工。

她在公關室工作了六年以上，很喜歡這個單位的工作，想在這裡做到退休。沒想到四月的人事異動突然問她要不要調去客服中心。

她以前從來沒有接觸過客服中心的業務，一點興趣也沒有。B 小姐大受打擊，向人事負責人及主管表示自己不想換單位，只可惜交涉未果，公司表示「公關室即將縮減人力、刷新體制，因此已經沒有工作給妳做了。」

B小姐百般不情願地接受異動，一個月後就提出與產業醫師面談的要求。

B小姐走進面談室，向我說明至今的來龍去脈，然後露出憤怒的表情，開始宣洩對公司的不滿：「醫生，妳不覺得很過分嗎？我在公關室努力了六年以上耶。如今到了這把年紀，居然要把我調到我完全沒有經驗的單位。我在公關室的工作從來沒有犯過重大的失誤，也還算認真。」

還向我強調她身體不舒服：「調到客服中心後，我實在嚥不下這口氣，晚上都心浮氣躁地睡不著。也無法適應電話響個不停的環境，經常頭痛，只好請假。」

我問B小姐：「妳去看過醫生嗎？可能是因為調職的壓力，導致失眠及沒有胃口、頭痛等身體不舒服的狀況，我認為要先接受治療。」B小姐不滿地回答：「沒有。因為身體不舒服的原因就擺在眼前，即使吃藥治療也好不了。」

這時她才總算對我說出真心話：「搞成這樣，我已

經沒有信心能繼續在客服中心工作了。可以請醫生幫我向人事部爭取一下嗎？」

也就是說，B小姐之所以要求與產業醫師面談，目的是希望產業醫師能替她向公司說情，請公司重新審視這項人事命令。

我建議她：「總之，請妳先去身心科或精神科接受治療。要是身體不舒服的情況嚴重到不能來公司上班，無論換到哪個單位都無法工作。我向人事部報告的時候會轉告妳的心情。」還幫她寫了轉診的介紹函。

當我向人事負責人回報B小姐的事，人事負責人苦笑著向我說明：「果然是為了調單位的事啊。我能理解她對這次的人事異動非常不滿。但她在公關室六年來的工作表現並不出色。仗著自己年長，把自己不擅長的電腦作業全部推到後輩頭上，從未想過要提升自己的技能。自己提案的企畫和點子已經漸漸跟不上時代了，卻沒有注意到這點，一旦後輩的點子被採用，還會嘮嘮叨叨地表示不滿、說些難聽的話，主管為此傷透了腦筋。」

五十歲才調到客服中心

再加上 B 小姐以前也發生過同樣的不適應問題，前前後後已經換過三次單位了。「討厭跑業務，也不喜歡在店裡接待客人，總務等管理部門有很多電腦作業，所以也做不來，如今除了客服中心以外，已經沒有 B 小姐能勝任的單位了。」

　　下個月再次面談時，B 小姐說她看過心理醫生，拿了安眠藥和頭痛藥，症狀已經變得好一些了。

　　B 小姐說：「後來我又跟人事部面談了一次，很清楚公司對我有什麼評價了。我其實不想再待在這麼瞧不起我的公司。如果我還年輕，一定會立刻拍桌子走人，只是到了這把年紀，我也很清楚自己已經很難再轉換跑道了。沒辦法，只好努力在客服中心撐到退休。」雖然有點自暴自棄，但是說話的表情卻有些許釋然了。

工作表現不佳，結果還是得自負

　　我當產業醫師時經常看到像 B 小姐那樣已經是資深員工，才被公司調到自己並不想去的單位，導致身體不舒服的案例。

都活到這把年紀了，居然被調到意想不到的單位，肯定會形成非常大的壓力。人過了五十多歲，體力和心理、應變能力都沒有年輕時那麼好，所以如果要學習新工作或熟悉新系統，無論如何都很費力。

另一方面，五十多歲也快退休了，因此很多人對於身為組織一員的終點已經規畫好自己的藍圖，上述的藍圖萬一出現非自己所願的變數，似乎很難修正。

因此就會像 B 小姐這樣向產業醫師吐苦水，希望能改變自己所處的環境。

問題是，人事異動的決定權終究掌握在公司手中。公司在決定人事配置以前，會先評估那個人過去的工作表現及能力，做出全面性的判斷，因此不見得能符合每個人的期待「這份工作不適合我，請幫我調部門」。

如果沒有足以說服公司且合理的理由，即使像 B 小姐這樣向產業醫師訴苦，也很難撼動公司的人事命令。

只有像每個月加班超過六十小時變成常態，甚至連續每個月加班八十小時以上，已達所謂的過勞死基準線，或是職場的人際關係明顯有很大的問題，像是性騷擾、職場霸凌或道德綁架等，已明顯違反勞基法，產業醫師才會出面干預。

除此之外，如果員工明明有心臟病或青光眼、癲癇等宿疾，還讓員工從事駕駛或危險作業等容易發生意外的職務，或是發現員工得了癌症之類的重病，如果繼續從事現在的工作，症狀可能會惡化的情況也皆屬此類。

這種時候，產業醫師會向公司強烈要求必須將員工調離原本的工作單位，公司通常也會立即研擬對策，但是像 B 小姐那種因為「工作不適合我，我不喜歡」而導致心理出問題的情況，公司會不會馬上改善則因人而異。

其中也有人會向診所取得「適應障礙」的診斷書，聲稱主治醫生建議「為了改善症狀，必須調整環境」，但如果是因為自己的問題而無法適應環境的員工，能不能異動則要看個人的表現和造化。

尤其像 B 小姐那樣，過去已經發生過好幾次不適應的情況，經歷過數次人事異動的話想必很難如願吧。

如果是今後還有機會成長的年輕員工，公司或許願意接受對方一再提出異動申請。但如果一而再、再而三地調動，規模比較小的公司可能會發生「已經沒有你可以去的單位了」的結果。

最後 B 小姐心不甘、情不願地接受客服中心的工作，因為

要是死活都不願意接受調動，內心充滿不滿或抗拒的話，公司可能會要求這名員工提出辭呈。

年長者在職場上求生的祕訣

當資深員工找我商量「無法融入工作及人際關係」時，我經常會轉述某位女醫生的話。亦即中村恆子醫師說過的話。她是我的恩師，直到九十歲都還是全職的專業醫生。

幾年前，中村醫師有機會將她得以終生活躍於醫療第一線的祕訣付梓成冊。中村醫師書中的話，對資深員工身為組織的一員，如何堅持到最後非常有幫助。我也想介紹一部分與大家分享。

（1）「不要被喜不喜歡工作左右，
　　 也不要過於堅持生涯規畫」

聽到九十歲還繼續當醫生，也許會以為她非常喜歡懸壺濟世，或是充滿使命感。但事實並非如此。

「我完全沒有出人頭地、功成名就，或想成就什麼的念頭。我只是為了賺錢養活家人，不得不完成眼前的工作。」中村醫師輕描淡寫地說。

終戰兩個月前的昭和二十年六月，中村醫師為了成為醫生，隻身一人從尾道前往大阪，進入現為關西醫科大學的前身「大阪女子高等醫學專門學校」就讀。當時她才十六歲，剛從高等女學校畢業。戰爭尾聲的大阪經常受到美軍的空襲，不知道什麼時候 B29 戰鬥機會飛來一陣機關槍掃射，她就在這種步步驚心的情況下入學。

入學的理由並非「為了國家，我想成為醫生」而是「為了活下去」。她家很窮，還生了很多小孩，所以生活非常困苦，有幸得到在大阪開業當醫生的叔叔說：「所有醫生都從軍去了，國內的醫生不夠，如果妳的成績還不錯，就去考醫專吧。考上的話，我幫妳出學費。」

於是中村醫師發奮圖強，參加考試，順利考上了，她形容自己當時的心情是「什麼都可以，總之只要能有一份足以養活自己的工作就行了」。

她說自己從成為醫生到六十歲左右，工作都是「為了生活」。與當耳鼻喉科醫生的男人結婚，也生了小孩，但丈夫把

薪水都花在喝酒上，對家庭毫無貢獻，因此「為了生活」一直是她繼續工作的強烈動機。

年過六十，子女也長大成人後，因為「反正待在家裡也沒事做，不如趁自己還有利用價值，還能幫助別人的時候繼續工作。工作已經是我生活習慣的一部分了」，繼續雲淡風輕地工作。

（2）「拋開無謂的自尊心，成為別人容易搭話的人」

我和中村醫師在同一家醫院共事過三年左右。當時中村醫師已經七十好幾了，但是與年輕醫師及護士、工作人員都處得非常融洽。

我認為其中一個原因是她給人「很容易搭話」的印象。

醫生通常都在六十～六十五歲退休，但中村醫師即使超過這個年齡，也依舊是組織求之不得的人才。

即使是自己負責的患者以外的雜事，醫院的醫護人員也會毫無壓力地問她：「醫生，可以拜託妳順便看一下這位病人嗎？」中村醫師也都隨和地答應：「好啊，沒問題。」

就算年輕的護士問她：「醫生，這位患者的術後管理該怎麼做？」她也會說：「我看看喔，我的想法是這樣，妳有什麼

想法？」而不是要對方照自己的方式做，她隨時散發出一股可以找她商量的氛圍。

不是築起一道拒絕的高牆「這不是我的工作」，而是在自己能力所及的範圍內臨機應變，貫徹與其他員工同心協力的態度。相反地，對於自己不懂的部分，像是操作電腦等方面則老實地請求協助：「教我一下～」誠心誠意地向幫助自己的同事道謝：「謝謝你，救了我一命。」建立起「互相扶持的關係」。

我認為像中村醫師這樣「臨機應變，順其自然地面對自己的工作、生活」將成為年長者接下來的時代在職場上笑到最後一刻的最大重點。

案例 ③

身體一直莫名其妙感到不舒服的高齡員工

J 先生是健康食品公司的行銷部長。

帶領行銷部達五年以上，也陸續交出漂亮的成績單。

但是自從去年的春天開始，J 先生的樣子開始產生變化。原本洋溢著快活、充滿生命力的氣氛，如今只為了一點小事就心浮氣躁，對下屬發脾氣，擔心工作的進度，要求下屬一再報告。

不知不覺間，笑容從 J 先生臉上消失，看起來無精打采。經常在重要的會議上發呆、打瞌睡。

與此同時，有位認識 J 先生多年的董事很擔心他，勸他與產業醫師面談。當 J 先生走進面談室，臉上掛著疲憊的陰暗表情。我問他：「聽說你最近的狀態不太好，大家都很擔心。」他才欲言又止地細說從頭。

「大約六個月前，我得失智症的老父親去世了。我已經做好心理準備，所以並沒有受到太大的打擊，但是後續在處理遺產繼承等問題時發生了很多事，精神相當疲憊。還以為只要稍微休息一下，就能消除疲勞，沒想到半年過去，還是連上班都打不起精神。我原本就不太好睡，最近經常在床上躺了兩個小時還睡不著。胃口很差，體重也下降。即使想專心工作，頭腦也昏昏沉沉。

我以前從沒想過我會在開會的時候睡著，上次居然在董事長面前打瞌睡，就連我自己也大吃一驚。再這樣下去，根本無法給年輕員工做好榜樣，我覺得自己好丟臉……」

　　J 先生明顯已經陷入抑鬱的狀態。我立刻給身心科寫了介紹函要 J 先生去看醫生。主治醫生勸他在家靜養，於是他請了長假。診斷書的病名是「憂鬱症」。

五十歲才原因不明的身體不舒服

　　過了八個月左右，恢復健康的 J 先生帶了復職的診斷書來找我。再次面談時，我發現這次診斷書上的病名是「LOH 症候群（男性更年期障礙）」，看診科別也從身心科換成教學醫院的泌尿科。

　　「媽呀，聽到自己有男性更年期的毛病，我比誰都驚訝。起初在身心科治療憂鬱症，但症狀始終沒有起色。後來主治醫生發現該不會是男性更年期吧，介紹我去看泌尿科。檢查結果顯示睪固酮的數值非常低。目前也開始接受荷爾蒙補充療法。拜其所賜，體力一點一滴地恢復，還能去打我喜歡的高爾夫球。」 J 先生說道，表情是前所未見的開朗。聽說他回到部長的工作崗位之後，就跟以前一樣活躍。

不只女性有，男性也有更年期障礙

　　資深的女性員工經常會因為更年期障礙陷入身心不適的狀態。

　　女性體內的女性荷爾蒙在停經前後會產生很大的變化。主

要發生在四十五～五十五歲左右，稱為更年期的這段期間，卵巢功能會在這段期間降低，女性荷爾蒙（雌激素）分泌銳減，導致身體跟不上紊亂失調的荷爾蒙。

更年期的症狀千奇百怪，自律神經及精神狀態也會出問題。以下是主要的症狀。

▼ 心悸及呼吸急促、熱潮紅、異常出汗。

▼ 頭痛及腰痛、肩膀痠痛、手腳感覺麻痺或關節疼痛。

▼ 心浮氣躁、不安、情緒沮喪、失眠等心理症狀。

▼ 暈眩、耳鳴、胃口不好。

▼ 皮膚及黏膜乾燥、口乾舌燥、尿失禁、外陰搔癢等。

發生於更年期的各種症狀統稱為更年期症狀，程度因人而異，但每個人都會發生。其中也有人原本工作得有聲有色，能兼顧家事與工作，卻因為更年期症狀對生活造成很大的影響。

以上這些更年期症狀也會發生在男性身上。

如果是男性，男性荷爾蒙 —— 也就是睪固酮降低即會引發更年期症狀。因為睪丸分泌的睪固酮降低所造成的男性更年期稱為 LOH 症候群，已知至今被當成憂鬱症治療的男性中不乏上

述 LOH 症候群的患者。

　　日本國內約有六百萬人都是 LOH 症候群的潛在患者，多半都在正值壯年的四十～五十歲、準備迎接退休的六十歲前後發作，也有七十～八十歲的患者。

　　症狀與女性的更年期大同小異。

▼ 憂鬱、體力衰退、注意力不集中、不開心、心浮氣躁、失眠等。

▼ 倦怠、肌肉痛、關節痛、肌耐力衰退、肩膀痠痛、頻尿、熱潮紅、手腳冰冷、盜汗、暈眩、耳鳴等。

▼ 性欲降低、早上勃起減少等。

　　男性更年期的程度因人而異，壓力或過勞等對症狀也有很大的影響。

　　以 J 先生為例，憂鬱症與男性更年期的症狀很像，所以非常難以判斷。治療憂鬱症是精神科或心理醫生的專業，而 LOH 症候群則是泌尿科或男性健康門診的專業領域。

　　如果有 LOH 症候群的可能性，可以請泌尿科或男性健康門診幫忙測量血中睪固酮的濃度。

老後、退休後的不安不斷地湧上心頭

　　無論是對女性還是對男性而言，更年期症狀是身體老化所造成的現象，除了個人的體質以外，壓力的狀況及疲勞的程度都會大大地左右更年期症狀的程度。

　　四十五歲左右開始要告訴自己：「不能再像過去那樣當個拚命三郎／三娘了。」要好好地呵護自己的身心。

　　要是繼續勉強自己，像三十歲的時候那樣過著熬夜、睡眠不足、飲食或三餐不規律的生活，需要比想像中花更多的時間才能消除疲勞。當疲勞一再累積，體力就會衰退，對工作也會產生不良的影響。

　　老化是大多數人都不願意看到的現象，但即使是最先進的技術，也無法戰勝老化。不妨從四十五歲開始就乾脆地放棄掙扎「體力及精力都不可能再像年輕時那樣了」，改用身心都有餘裕的方法來做事。

　　一旦進入五十歲，就要開始調整健康與體力，讓第二人生的計畫具體成形。

　　如今是號稱人可以活一百歲的時代，即使六十歲退休，平

均餘命也還有二十年。從五十歲起或許就得開始規畫「自己最後這二十年」要怎麼過的藍圖。

　　附帶一提，我也從幾年前就進入這個時期。

　　古印度「四行期」的思考模式是我規畫「自己最後這二十年」的靈感來源。至於什麼是「四行期」，將在後面章節為各位解說，請務必參考。

將上班族的歷程分成
「春、夏、秋」三個階段

在第二部裡，依照年齡將上班族分成三大類。

【新人】二十二～三十歲左右

【中堅】三十一～四十五歲左右

【資深】四十六～六十歲左右

以上分類是參考西班牙的哲學家荷西‧奧德嘉‧賈塞特提出的世代分類。

奧德嘉將人生分成五個世代，分別是零～十五歲的「兒童世代」、十五～三十歲的「青年世代」、三十～四十五歲的「成人世代」、四十五～六十歲的「壯年世代」、六十歲以上的「老年世代」。

二十二～三十歲的【新人】在奧德嘉的分類裡屬於「青年世代」。以社會人而言就是初出茅廬的「菜鳥」。這個世代的人剛從學校畢業，出社會，逐漸習慣大人的

世界，學習怎麼想、怎麼做、怎麼當一個社會人。同時也在公私兩方面都找到屬於自己的容身處與該扮演的角色。以季節來說則是「春天」，是嫩葉逐漸成長，找到自己紮根的場所，逐漸成長為大樹的時期。

三十一～四十五歲的【中堅】在奧德嘉的分類裡屬於「成人世代」。是身為社會人真正成長、活躍的時代。技術上已經打好身為社會人的基礎，而且體力也尚未真正開始衰退，因此能將全部的精力都用在工作上。同時也得慢慢負起中階主管的責任，大概也有不少人在這段期間成為管理者，擴大自己活躍的範圍。

以季節來比喻則是「夏天」。原本弱不禁風的小樹開始長成枝繁葉茂的大樹，長出花苞，綻放花朵。

四十六～六十歲的【資深】在奧德嘉的分類裡屬於「壯年世代」。身為資深社會人，身上的領導特質與技能皆已爐火純青，在組織裡扮演著重要的管理者。愈來愈多人當上主管後，在地位及權威上獲得滿足及充實的感受，但社會責任也同時達到最高點。另一方面也開始

老化，逐漸感到體力、精力衰退，也慢慢發現自己的極限。屬於季節中的「秋天」。一路走來的努力開始結出人生的果實。

六十一歲以後在奧德嘉的分類裡屬於「老年世代」。大部分的人都開始退出第一線，展開自己的第二人生。有人找到別的出路，繼續工作，也有人開始從事新的活動。任誰都會深刻地感受到身體的老化，深刻地意識到人生已走到盡頭，開始摸索最後的旅程。

經常有人用季節的「冬天」來形容這段期間，但是在平均壽命長達九十歲的今時今日，並不是槁木死灰、萬物俱寂的寒冬，也可能是可以享受**「結束了一個時代，迎來重生之冬」**的時期。

不用像還在當上班族的時候在意社會的外在評價，可以好好地面對自己，展開「真正符合自己天賦的生存之道」。不同於埋頭苦幹的上班族時代，可以站在別的立場或從其他角度思考「何謂真正豐盈的人生？」，然後踏上新的旅程。

專欄 ②

向古印度學習五十歲以後的
「戰備方法」

古印度有所謂的「四行期」，將人生分成四個階段，自古以來就揭示了各個階段最理想的過法。

以下簡單地為各位說明一下。

- **學生期**：在長輩或師長的指導下鍛鍊身心，學習獨立的時期。
- **家住期**：成為社會的中流砥柱，努力工作；成為全家人的支柱，生兒育女，為家庭賺錢的時期。
- **林住期**：完成為家人及家庭工作的使命，遠離塵囂，重新面對自己，活出自己風格的時期。
- **遊行期**：擺脫對現世的執念，追求開悟，準備迎向人生終點的時期。

五十歲以後是進入林住期的年紀。我認為是面對新的人生起點，開始任想像力馳騁，計畫該怎麼做、該提前做些什麼準備，退休後才能活出自我風格，寫下身為組織一員最終章的年紀。

　　年過五十會深刻地感受到體力及精力衰退，也會看見自己身為上班族的極限，無法再像年輕時那樣勾勒天馬行空的夢想或理想。有時還會覺得自己好像逐漸被排除在公司的核心之外。

　　這些變化固然令人感到悲傷寂寞，但這也沒辦法，老化或衰退本來就是生物的宿命，再怎麼怨嘆也沒用。

　　我自己也認命地接受老化的事實，內心期待林住期的到來。

　　擺脫扶養家人的義務及社會的評價、工作的壓力，自由地「活出真正的自己」是什麼感覺呢？邊想像邊探索自己想做的事也不壞。

　　順帶一提，我以前就對繪畫有興趣，但直到五十歲才開始去繪畫教室學畫。夢想真正進入林住期以後能到

處旅行，畫下令自己印象深刻的風景。

同年紀的女強人朋友想在退休後創業，舉辦幫助熟年女性變美的化妝教室或交流會，目前正在學習化妝，努力取得證照。

前幾天面談過一位年近六十的男性，他說自己學生時代學過一點吉他，如今又買了一把新的吉他，正式開始練習。希望退休後能與朋友一起組團，去醫院或老人院舉行慰問演唱會。

經常可以聽到過去滿腦子都想著工作的人退休後沒事幹，成天待在家裡發呆其實意外的難熬。其中也有人真的患上「退休憂鬱」。

五十歲後，不妨坦然地接受老化的事實，開始慢慢地為自己的林住期做準備吧。

第三部

身心都變得輕鬆了！

第三部將為各位介紹讓身心保持健康，又能活得輕鬆愜意的自我保健良方。

　　身體與心靈密不可分。身體一旦疲累，不管做再開心的事，心靈都不會放鬆。反之，當心靈感到疲憊，則會出現身體倦怠或肩膀痠痛等症狀。

　　以下分成【睡眠】、【飲食】、【運動】、【心靈】等四方面來介紹任何人都可以做，且確實有效的自我保健法。

　　【睡眠】睡眠不足的話，工作就很容易出錯，也很容易累積壓力。但是一忙起來又很容易陷入「過度緊張」的狀態，輾轉反側睡不著。後面將為大家說明該怎麼做能舒適入眠，讓身體好好休息。

　　【飲食】為了讓身心保持健康，再忙也必須注意營養的均衡。倘若體內需要的養分不夠，也會對心理造成

影響。此章節會為各位整理再忙也能攝取到均衡營養的飲食祕訣。

　　【運動】也是讓身心保持均衡的重要因素。可是工作一忙起來，就很難持之以恆對吧？以下將教大家如何在日常生活中輕鬆維持運動的方法。

　　最後是保養【心靈】的方法。重點在於意識到自己的心理能量不足。請務必一試。

10 | 睡眠
處於充滿壓力的狀態下更要首重睡眠！

◆

日本是世界第一睡眠不足大國

　　很遺憾，日本在主要先進國家中也是數一數二的睡眠不足大國。

　　調查了 2018 年的經濟合作與發展組織（OECD）的三十個加盟國，日本超越長年以來都是第一名的韓國，成為平均睡眠時間（十五～六十四歲）最短的國家。

　　日本的平均睡眠時間為七小時二十二分鐘。順帶一提，第二名的韓國為七小時四十一分鐘，三十個國家中有二十七個國家都超過八小時。

　　看到以上的數據，或許也有很多人苦笑：「什麼？我平日

連七小時都睡不到喔。」

　　這也難怪，根據厚生勞動省 2017 年的「國民健康、營養調查」，二十～五十歲的人回答「平均睡眠時間不到七小時」的人高達七成以上。

　　根據成立於 2018 年的「勞動方式改革關聯法」，正式對長時間勞動設下嚴格的限制。其目的無非是要確保上班族的睡眠時間。

　　我經常對自己負責的企業以每個月工作八十小時以上的人為對象進行「過度勞動面談」，那些人有九成以上的睡眠時間都少於五小時。嚴重過勞的人甚至連四小時都沒有。

　　除非你是短眠者，否則如果覺得「咦，睡不到五小時不是很正常嗎？」其實非常危險。

　　所謂短眠者是指「即使一直睡不到六小時，白天也完全不覺得愛睏或疲勞、工作表現欠佳」等天生就不需要睡太久的人。

　　據說歷史上知名的拿破崙及達文西、愛迪生都是短眠者。

　　當我以產業醫師的身分在面談時遇見自稱「我睡不到五小時也沒關係」的人，其實幾乎都是「假日會睡八小時以上」、「平常會睡午覺」的「假」短眠者。

　　真的短眠者只占總人口的 5~8% 左右。80% 的人都是一般的

睡眠體質，如果沒有睡足七～八小時，白天就會愛睏，無法消除疲勞。

我猜看這本書的人應該都不是短眠者。

長期睡眠不足，會帶給身體傷害

若一直處於睡眠不足的疲勞狀態，注意力及認知功能、運動功能會變得愈來愈差。

衰退的速度超乎想像。根據賓夕法尼亞大學及華盛頓大學所做的實驗指出，讓那些通常必須睡上七～八小時的正常人每天只睡六小時，其精神上、身體上的表現會愈來愈差，兩週後居然差到跟「熬夜兩天的人」相同程度。

更可怕的是，參加這項實驗的人都說「只有剛開始那幾天覺得表現變差了，後來幾乎沒有感覺」。陷入慢性睡眠不足的人工作很容易出錯，卻毫無自覺。

據說睡眠不足發生職業災害的風險高出約八倍。現代睡眠醫學之父威廉・查爾斯・德門特在其著作《The Promise of Sleep》

裡指出，發生於 1989 年的阿拉斯加港灣漏油事件就是因為船長睡眠不足引起的判斷錯誤、發生於 1986 年的挑戰者號太空梭爆炸也是因為 NASA 工作人員極度睡眠不足所致。

我面談過的人當中，也有人因為睡眠不足發生「在重要的會議上沒聽懂問題的意思，給予錯誤的回答」、「不小心放客戶鴿子」、「自己會錯意還把下屬罵哭了」等問題。

另外，因為長時間勞動導致睡眠不足，因此發生抑鬱或暈眩、心悸等症狀的案例也不少。

你有好好地償還「睡眠負債」嗎？

對於我們這些睡眠體質正常的人來說，睡眠時間一旦少於七小時，就會立刻產生「睡眠負債」

不過就像「昨晚只睡五個小時，今天要睡八個小時」，只要能盡快「償還」睡眠負債，就不會出什麼大問題。健康的人即使平日只能睡六個小時，只要週末能好好睡足八個小時以上，償還睡眠負債，星期一大概就能精神抖擻地去上班。

我也是需要睡飽七小時的人，平常有時候會帶工作回家做或照顧小孩，通常只能睡上六個小時左右。但我不僅每週都會有一半的時間努力睡足七小時以上，週末早上還會「不設鬧鐘」地睡到自然醒，盡量比平日晚兩小時起床。

　　我用這種方法來償還大致上的睡眠負債。另一方面，倘若週末上午有工作插進來，縮短我的睡眠時間，週一早上通常都會非常睏。

　　睡眠負債的研究目前還在進行中，所以有很多未知的部分，但是大家都說有欠債就要趕快還，以免孳生利息。

　　各位可有好好地償還睡眠負債呢？萬一有以下的症狀，就表示可能沒有還清睡眠負債。

▼ 搭電車或午餐後的休息時間總覺得好睏，不小心就打起瞌睡來。

▼ 白天如果不喝咖啡或抽菸就無法保持頭腦或身體的清醒。

▼ 如果會議太枯燥，很容易愛睏、打瞌睡。

▼ 晚上一躺到床上就睡著了，而且睡得跟死豬一樣。

▼ 開車時經常在等紅綠燈的時候受到睡意的侵襲。

萬一長期處於睡不到五小時的狀態，會欠下巨額的睡眠負債，光靠週末睡晚一點也無法償還，因此非常危險。請隨時提醒自己，睡眠負債一定要有借有還。

附帶一提，也有人「週末假日都睡到下午三點左右」，但是睡超過中午會打亂生理時鐘，所以建議週末也不要睡一整天。

如果一直處於睡眠時間很短的狀態，請儘量連平日也必須安排自己有幾天要睡久一點。因此那天要狠下心來減少加班，做家事盡量偷懶，想辦法擠出時間來睡覺。

過勞是侵蝕身體的「沉默殺手」

若長期處於睡眠不足的狀態，身體和心理就會愈來愈疲累。當疲勞一直累積在體內，形成所謂的「過勞」，會對健康造成非常大的危害。

如果因為重度勞動而開始過勞，很容易陷入以下的狀況。

▼ 總是深夜才吃飯，很容易儲存脂肪，體重逐漸增加。

▼ 代謝因為睡眠不足及疲勞而變差，無法消除身體的倦怠感。

▼ 記憶力變差，反應不佳，經常不小心犯錯。

▼ 精神變得不穩定，容易心浮氣躁，人際關係變得很緊張。

▼ 即使夜深人靜也還惦記著工作，變得很難入睡、睡眠很淺。

再加上如果長期過勞，還會逐漸出現以下嚴重的症狀。

▼ 非常倦怠，頭腦和身體也很呆滯，無法照自己的意願行動。

▼ 工作效率大幅降低，發生奇奇怪怪的失誤與人際關係的問題。

▼ 沒心情享受美食，胃口欠佳，變瘦。

▼ 免疫功能降低，很容易感冒或發炎。

▼ 糖尿病、高血壓、心臟病、腦血管病變的風險竄升到兩至三倍。

▼ 自律神經失調，心悸、暈眩、腸胃出問題等身體不舒服

的症狀變得明顯。

▼ 正常的思考、判斷力降低，無法積極地面對問題，真的
陷入失眠或憂鬱的症狀。

過勞是所謂的「沉默殺手」。疲勞會在本人沒有意識到的
情況下日積月累，因此原本愈是健康、充滿活力的人，通常要
花很多時間才會出現決定性的症狀。

面談後經常可以發現愈有體力、精神的人對自己愈漫不經
心，即使出現過勞的初期症狀也完全沒有自覺。

最恐怖的莫過於「過勞死」。當疲勞一再累積，會引發心
律不整、心肌梗塞或腦溢血、腦中風等危及生命的疾病。

但中小企業的經營者經常推說「我們家的員工非常喜歡工
作，都是自願加班」、「要是用法律限制加班時間，反而會降
低員工的工作士氣」。這種想法非常危險，完全沒有意識到過
勞的嚴重性。

愈是「熱愛工作的人」愈需要小心過勞死。另外，即使不
到過勞死的地步，可能也會生重病，嚴重到無法繼續工作。

再怎麼熱愛工作，也要適度休息，以消除疲勞，否則身心
就會出問題。

現在就要開始六種睡眠保健

為了擁有高品質的睡眠，就寢前必須放鬆、緩解身心的緊張。

人不是機器，所以原本一直在動腦、活動身體的人不可能馬上關機，將身體切換至睡眠模式，立刻入睡。需要一點時間慢慢地讓身心的活動從開機模式切換到關機模式。

因此就寢前請注意以下六點。

（1）睡前一～兩小時不要碰手機或電腦

若傍晚以後仍繼續沐浴在手機或電腦等螢幕所散發的藍光下，大腦會誤以為「還是白天」，自然遲遲無法產生睡意。另外，遊戲瞬息萬變的畫面或社群軟體的交流等等都會活化大腦，導致失眠。

客廳或寢室的照明最好也不要使用螢光燈。因為螢光燈的白光具有類似藍光的波長。

睡前不要玩手機！

（2） 好整以暇地享受晚餐、一家團聚、洗澡的時光

好整以暇地吃晚飯、與家人團聚、享受洗澡的時光能緩解交感神經的緊張，有助於切換至副交感神經，是很值得推薦的放鬆法。

只不過，睡前請不要洗太熱的水或泡太久的澡。自然的睡意會在人體的深層體溫一度提高又降低的時候出現。尤其是夏天，如果因為洗澡導致體溫上升太多，則需要一段時間才能下降。愛洗熱水澡的人不妨早點洗澡，不要睡覺前才洗。

（3） 傍晚之後就要避免攝取咖啡因

咖啡、紅茶、綠茶的咖啡因具有大約五小時的清醒效果。因此最好傍晚以後就不要攝取。建議以麥茶、玄米茶、香草茶等不含咖啡因的飲料來代替。

（4） 睡前兩～三小時就要吃完晚餐

吃東西會促進腸胃蠕動，妨礙睡眠，因此最好在就寢前的兩～三小時吃完飯。如果因為加班，無論如何都得很晚才能吃飯的話，不妨直接在辦公室或附近先吃飯。

（5） 提醒自己不要飲酒過量，睡前三小時就不要喝酒

倘若酒精殘留在體內，將破壞睡眠品質。如果晚上想喝一杯，千萬不要超過會損害健康的「適當飲酒量」（啤酒約七百五十毫升、日本酒約一合、葡萄酒約兩杯左右），請在就寢約三小時前喝完。

（6） 在黑暗、安靜、溫度適中的寢室睡覺

躺在沙發上看電視，不知不覺打起瞌睡來，醒來已經早上了……或許不少人都有這樣的經驗，但這種睡法無法獲得深度睡眠。睡眠中的光線或聲音也會妨礙熟睡，無法消除疲勞。

基本上，請在不會太熱也不會太冷，室內控制在適當的溫度，黑暗、安靜的房間裡睡覺。如果太暗會害怕，頂多只能留一盞小燈。

只要能睡飽、睡好，就不容易感冒或身體不舒服，工作上當然也會有穩定的表現。請務必擁有高品質的睡眠，做好自我保健。

11 ｜ 飲食

「隨便吃吃」會引起憂鬱和不舒服

吃得太簡單無法消除疲勞

忙起來的時候不僅沒有時間睡覺，我想很多人也都吃得很簡單。

一個人住的新手員工很容易以「早上只喝罐裝咖啡、中午吃拉麵或蕎麥麵、晚上吃便利商店的便當」打發三餐。如果是想減肥的女性，甚至可能「早上不吃東西，只喝飲料、中午吃飯糰或沖泡式冬粉、晚上只吃沙拉或餅乾」。

三餐如果吃得太隨便，身體需要的養分就會攝取不足。

血清素及多巴胺等神經傳導物質在腦中扮演非常重要的角色，倘若營養不足，形成這些物質的材料也會不足，導致判斷

208

錯誤、士氣低落或注意力不集中等等。

另一方面，睡覺時腦下垂體會分泌成長激素，修復全身的組織、消除疲勞，可是一旦營養不足，就無法充分合成上述的成長激素。

如果三餐一直沒有攝取到均衡的營養，年輕時還有體力，可能不當一回事，等到年過三十，體力衰退，疲勞就很容易蓄積在體內。因此萬一受到意想不到的壓力將無法承受，不是身體不舒服，就是生病，很多人不得因此不請假在家休養。

祕訣在於「紅、黃、綠」1：1：1

再忙也要攝取營養均衡的飲食該怎麼做才好呢？

我將食品分成「紅」、「黃」、「綠」三大類，建議各自攝取大約目測 1：1：1 的份量。

● **紅組：（生成肌肉及血液、荷爾蒙的蛋白質）**
肉、魚、蛋等動物性蛋白質。豆腐、納豆等植物性蛋白質

起司、牛奶、優格等乳製品（不含鮮奶油）。

● **黃組：（製造熱量的碳水化合物及油脂）**

米飯及麵包、麵條、餅乾、根莖類等碳水化合物。

奶油、沙拉油、橄欖油、鮮奶油等油脂。

● **綠組：（調整體質的維生素、礦物質）**

蔬菜及海藻、水果等等。

（※ 水果由於內含果糖，所以被視為綠組與黃組的綜合食材）

如果要更具體地表示「紅、黃、綠＝1：1：1」的份量，每餐各吃「一個手掌」的份量剛剛好。

紅組的肉及魚類、大豆製品約一個手掌大（厚度也約當於手掌的厚度）。

黃組的米飯大約是稍微握緊一個拳頭的份量，麵包或麵條則是捧在雙手掌心裡的份量。

綠組如果是生的蔬菜是雙手掌心的份量，如果是加熱過的蔬菜則是單手掌心的份量。

以下是營養均衡的菜單：與大量的蔬菜一起吃的「冷涮豬

肉定食」或「蔬菜炒肉定食」、加入大量蔬菜的「薑燒豬肉定食」、附上小盤蔬菜的「生魚片定食」或「烤魚定食」、附上大量沙拉的「香煎雞肉」、「香煎豬肉」等等。如果是這些菜色，即使在外面吃飯也能輕鬆地攝取到均衡的營養。

可以攝取到均衡營養的「1：1：1法則」

紅組的　　肉、魚、乳製品　大豆製品

黃組的　　米飯、麵包　麵條、油脂

綠組的　　蔬菜、海藻　水果

1：1：1

若以漢堡或豬排、炒飯等油膩膩的食物為主菜,只要少吃點與油同屬黃組的米飯就能保持營養均衡。

　　忙得不可開交時,也有很多人中午會吃蓋飯或麵類,但光吃這些東西怎麼也無法達到 1：1：1 的均衡。所以吃蓋飯或麵類的時候不妨下點工夫,選擇蛋或肉、海鮮等蛋白質比較多的菜單,少吃一點飯或麵,多吃一點蔬菜沙拉或燙青菜。

　　去超級市場或便利商店買便當時,請選擇以肉或魚為主菜,並且有很多蔬菜的配菜。如果真的沒有時間,想用漢堡或三明治等輕鬆打發一餐的時候,請選擇蛋或鮪魚、火腿等夾餡裡含有紅組食物的漢堡或三明治,加上一份沙拉或蔬菜的小菜,再喝一杯蔬菜汁,就能有效取得均衡的營養。

很晚才能吃飯時,這樣吃就不會變胖

　　當我以產業醫師的身分與員工面談時,經常有人反應「忙起來的時候,回家都快十二點了,肚子很餓,如果不吃點東西實在睡不著。而且拚命工作了一天,不喝點啤酒就上床睡覺的

「分批進食」是很晚才能吃飯時的祕訣

七～八點先在辦公室吃　黃

回家以後再吃　紅・綠

話太對不起自己了」。

努力工作到深夜，好不容易回到家，就算已經三更半夜，還是想吃點東西、喝點啤酒，放鬆一下吧？

可是三更半夜才吃飯，吃飽就馬上睡覺的話，不只睡眠品質不好，也很容易變胖。因此我建議無論如何都只能三更半夜才吃飯的人「分批進食」。

忙碌的時候請先在晚上七～八點先在辦公室吃剛才提到的紅、黃、綠三大類食品中的黃組（碳水化合物），回家後再吃剩下的紅組和綠組的食物。

如果只是碳水化合物，可以去便利商店買飯糰或麵包、三明治等食物，直接在座位上吃。

回家後再以盡量不用到油的烹調方式（蒸、煮、烤）處理紅組的肉、魚、蛋、大豆製品等食物為主菜，與綠組的蔬菜吃到「五～七分飽」。建議菜單為加入了大量蔬菜的汆燙紅肉、同樣加入了大量蔬菜的火鍋（一人份）、再不然就是用少量油炒的青菜炒肉等等。

也可以搭配蔬菜沙拉或燙青菜，以烤肉或烤魚、生魚片、水煮蛋、涼拌豆腐、關東煮為主餐一起吃。順帶一提，搭配的蔬菜最好避開含醣量比較高的根莖類或玉米。

　　這時，如果無論如何都想喝點小酒，只要不是每天喝，睡前喝一瓶罐裝啤酒（三百五十毫升）或一杯兌水的燒酒、一杯葡萄酒、半合日本酒等，都還在可以接受的範圍內。再來就請忍耐一下，換成不含酒精的啤酒。

　　如果是以上這些清淡的食物，而且只吃到五～七分飽，即使是睡前也不會對睡眠造成太嚴重的不良影響。睡前避免攝取碳水化合物及油脂，就能抑制血糖值上升，因此不容易變胖，亦能減輕對腸胃的負擔。

　　深夜才能回家用餐的人經常會疑惑「明明食量沒有改變，體重卻增加了」。這種人請務必實踐本章節介紹的「分批進食」。

　　碳水化合物是大腦的能量來源，所以在晚上七點左右攝取還能避免大腦疲憊導致工作效率變差。真的非加班不可的時候，吃點碳水化合物也比餓著肚子工作更有效率。

12 | 運動
再忙也能「健走」

◆

「坐太久」會生病！？

忙碌的時候可能就沒有時間運動了，但適度地活動身體，其實可以消除壓力，讓身體與心靈都煥然一新。

以文書工作為主的人特別需要運動。因為科學已經證實「久坐」會導致心態惡化、提高死亡率。

根據澳洲雪梨大學的研究報告指出，日本人每天平均坐著的時間為七小時，位居接受調查的二十個國家之首。

坐的時間愈長，血液循環愈差，肌肉的代謝愈低落，會因此增加心肌梗塞、腦血管病變、肥胖、糖尿病、癌症、失智症的風險。根據澳洲以二十二萬高中齡人口為對象的研究，結果

顯示坐的時間長達十一小時以上的人，死亡風險比一天坐的時間不到四小時的人高出 40%。WHO（世界衛生組織）也發表了全世界每年有兩百萬人死於久坐。

另一方面，根據日本的研究，每天坐超過十二小時的人心理出問題的比例比不到六小時的人多出大約三倍。

為了減少久坐對健康的不良影響，建議各位每工作三十分鐘就要站起來活動身體。像是頻繁地去倒咖啡或去拿列印出來的文件，在公司裡有事情要找別人的時候不要用電子郵件解決，而是直接走去找對方，站著開會也是個不錯的方法。

很容易就能持續下去的「健走」

除此之外，在日常生活中巧妙地融入運動也很重要。

提到運動，大部分的人腦海中或許都會浮現出慢跑或游泳、打網球、踢足球、有氧運動、瑜珈等等，但是忙起來的時候，這些運動的門檻都太高了。要是強迫自己「一定要運動」反而會造成壓力。

希望忙碌的人可以試一下每天都能輕鬆融入日常生活中的「健走」。

健走是可以讓身體吸收到大量氧氣的「有氧運動」，已知有許許多多的健康效果。另外，將健走分成「一次走三十分鐘」與「分成三次，一次走十分鐘」的效果其實差不多。換句話說，光是在上下班的途中以飛快的速度走路，就能輕鬆地做有氧運動。

請記住以下的祕訣，實踐「健走」運動。

▼ 從自己家到車站的路線繞一下遠路，以呼吸稍微有點急促的程度快走十分鐘。

▼ 在車站不要搭電梯或手扶梯，改走樓梯。

▼ 開車上下班的人把車子停在離公司稍微遠一點的地方，快步走到公司。

▼ 走三～四層樓進辦公室。

▼ 吃完午飯快步地在公司附近走一圈。

▼ 遠端工作的人可以趁開始上班前先在外面快步地走十分鐘左右。

爬樓梯也是一種運動！

我也沒做什麼特別的運動，只是像這樣在健走上多下一點工夫，每天大約走八千步。

除了健走以外，騎腳踏車去車站搭電車上下班也是很好的運動。如果能稍微繞一下遠路，增加距離，想必更有效果。

健走或輕鬆的慢跑、騎腳踏車等等都是有氧運動，已知能對心靈帶來良好的影響。

東邦大學醫學系的名譽教授有田秀穗先生在《血清素大腦健康法》的著作裡提到健走或簡單的慢跑、騎腳踏車等「規律的運動」有促進大腦分泌血清素的效果。

血清素是對抗壓力的腦內物質代表，具有讓心情平靜下來、消除不安或抑鬱的作用。有田先生指出，**開始規律地運動大約五分鐘後，就能提高腦內的血清素濃度，二十～三十分鐘就會到達頂點。**

另外，**陽光也具有促進分泌血清素的效果**，因此光是在戶外健走或騎腳踏車就能消除心浮氣躁或不安的情緒。

遠端工作時，也要儘量讓陽光照進正在工作的房間裡。最近在線上與遠端工作的員工面談的機會增加了，發現有些人可能是想專心工作，即使白天也拉上厚重的窗簾。我很擔心他們長期在昏暗的光線下工作，會導致情緒低落。

利用早上的「廣播體操」讓心情煥然一新

我還想推薦一種運動，那就是「廣播體操」。

廣播體操是很有名的伸展運動，只要十分鐘就能運動全身，計算得十分精準。

健走主要是下半身的運動，不怎麼動到上半身。因此再加上廣播體操，就能有效率地運動到健走時使用不到的關節及肌肉。

長時間坐在電腦前工作的人，因為上半身彎腰駝背，很容易陷入肩關節或頸關節、脊椎及周圍的肌肉硬梆梆的狀態。

話說回來，除了做家事要晾衣服的人，日常生活中大概很少有機會舉起手臂吧。因此經常坐著工作的人多半有肩頸痠痛、腰痛的煩惱。

習慣了廣播體操後，就能均勻地動到平常不太有機會使用到的手臂、脖子、腰部等上半身的關節。可以促進血液循環、代謝累積在體內的疲勞物質、讓肌肉及關節的動作變得順暢。

上了年紀，關節老化，深受五十肩及膝蓋痛所苦的人口暴增，但只要認真做廣播體操，每天活動這些關節，就能預防因

老化所造成的關節疼痛。

當然，瑜珈或皮拉提斯也具有鍛鍊全身的效果，但需要花很多時間和努力，才能學會正確的方法及順序。

另一方面，凡是在日本接受過學校教育的人，身體早就記住廣播體操的動作了。網路上有廣播體操的影片，任何人都能馬上開始。

我幾乎每天都會做廣播體操，長達二十年以上。稍微改良一下動作，把手臂舉高到頭頂，高高地抬起大腿，藉此提升運動的強度。吃早餐前直接穿著睡衣做，還能讓體溫上升、讓心情神清氣爽，早飯也能吃得津津有味。

很多製造業等工廠在早晨開始工作前或中午休息時間會帶領全體員工一起做廣播體操。這也是相中了廣播體操的健康效果。正因為是遠端工作的時代，才更要積極地做廣播體操。

廣播體操可以鍛鍊全身

13 | 心靈
盡早補充內心不足的能量

◆

各位內心有多少電量？

前面提到的睡眠、飲食、運動這三點都是用來呵護身心的作法。身體與心靈密不可分，因此兩方都必須好好呵護。實踐了這些作法以後，有時候可能還是會覺得「身體很有活力，心靈卻……」因此最後再為各位介紹一些保養心靈的方法。

我認為基本的心靈保健法是「讓自己有面對內心世界的時間」。

可以的話，最好每天都面對自己的內心世界，傾聽自己「真正的心聲」，我認為這是基本的自我保健法。

當一個人出了社會，開始工作，很容易壓抑自己「今天真

心靈電池

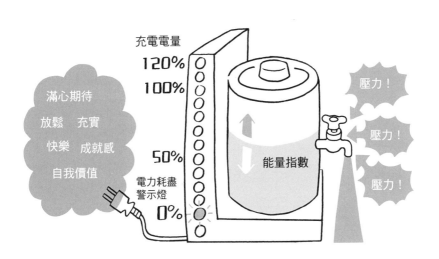

充電電量
120%
100%

滿心期待
放鬆　充實
快樂　成就感
自我價值

50%

電力耗盡
警示燈
0%

能量指數

壓力！

壓力！

壓力！

※ 心靈電池是作者自己發明的概念。嚴禁未經同意使用於商業目的上。

的快累死了」、「我其實比較想做○○」的心聲，下意識地勉強自己，但是如果一直壓抑自己的心聲，累積太多壓力，內心就很容易崩潰。

為了避免內心崩潰，必須檢視自己的內心有多少能量。

因此請想像前一頁的「心靈電池」。

假設自己的心靈是一顆「充電式的電池」，「壓力」會一直耗掉電池的能量。每次當壓力導致緊張、不開心等情緒，內心的能量就會流失。

相反地，下列「自己內心真正想做的事」能為內心的能量充電。

▼ 做內心真正想做、滿心期待的事。

▼ 休息或放鬆，讓身心平靜下來。

▼ 從事對健康有益、對心情好的事。

▼ 從事符合自己價值觀的活動，體會通體舒暢的成就感。

話說回來，各位的心靈電池現在充了多少電呢？

假設沒有任何擔心的事，朝氣蓬勃的狀態為百分之百，身心皆累得不得了，振作不起來的狀態為零。

（1）電量 80% 以上

可以想見這時身心皆處於輕鬆、有精神的狀態。也可以挑戰新的工作或多做一點事、嘗試自己不擅長的事。

（2）電量 50~70%

身心因為煩惱或壓力、睡眠不足等問題導致無法消除疲勞的狀態。能量指數逐漸下降時，工作或私底下的活動建議維持現狀，或只花最少的能量去做，積極地做自己想做的事，好好休息、放鬆一下、轉換心情，為內心的能量充電。

（3）電量未滿 50%

身心都處於非常虛弱的狀態，要特別小心。如果壓力非常大、身體有病痛或發燒等不舒服的症狀、因過勞而感覺極度倦怠時，當務之急是好好休息，為心靈電池充電。倘若身心出現令人在意的症狀，也要考慮去看醫生。

請務必養成每天檢查自己內心充電指數的習慣。舉例來說，可以利用早餐時檢查一下，萬一低於 60%，建議那天盡可能減少會讓自己感到壓力的行動。「不擅長的工作」如果沒有那麼

急就晚點再做，暫停為了提升技能而學習的才藝，如果是會造成壓力的家事就姑且偷懶一下，盡可能阻止能量的流失。

另一方面也要主動為自己的能量充電。倘若內心希望「好想睡覺」，那天就不要加班，早點回家，睡久一點。

倘若「想大口吃肉」、「想聽著音樂在沙發上滾來滾去」就這麼做吧。

每次內心想做的事應該都不一樣，所以重點在於誠實地傾聽內心的聲音。

敏感地察覺自己的「壓力訊號」

無論是什麼樣的疾病，及早發現、及早治療都很重要，不只身體，也適用於內心的疾病。

當壓力堆積在心裡，降低內心的能量指數時，身心就會出現「壓力訊號」。掌握住壓力訊號至關重要。

至於壓力訊號會怎麼出現則因人而異。因此必須具體地掌握出現在自己身上的壓力訊號是什麼。請先回想過去發生過的

「壓力體驗」，列出身心出現了哪些變化。不只痛苦或悲傷的事，考試、就業、結婚、生產、調職等人生大事也都是一種壓力狀態，所以請全部想起來、寫下來。

　　以下為各位整理了出現在身體和心靈上的代表性壓力訊號，請以此為參考，掌握比較容易出現在自己身上的壓力訊號。

〈心靈的訊號〉

▼ 隱隱約約感到不安。冷靜不下來，心煩意亂。

▼ 很容易生氣、心浮氣躁、沒耐心。

▼ 很容易激動，像是動不動就掉眼淚，情緒變得不穩定。

▼ 覺得別人很討厭或很可怕。不想接電話也不想見人。

▼ 睡不好。半夜會醒來好幾次，一大早就醒來，而且再也睡不著。睡眠中一直做夢，無法熟睡。

▼ 出現強迫症或很愛操心（例如擔心沒有鎖門或沒有設鬧鐘而一再檢查。沒來由地擔心起地震或意外等過去不曾放在心上的未來風險，而且擔心得不得了）

▼ 很難感到快樂或開心，就連休閒娛樂或打理自己都覺得很麻煩。

▼ 無法集中精神，工作或學習、做事的效率一落千丈。

▼ 覺得周圍的人都在責怪自己。覺得自己不管做什麼都會失敗，極度沒有自信。

▼ 突然很愛吃甜食或抽菸、喝酒、喝咖啡，無法控制自己。

〈身體的訊號〉

▼ 肌肉變得很緊繃，肩膀痠痛、腰痛、頭痛得很厲害。

▼ 拉肚子或便祕、胃脹氣、胃痛、肚子痛等消化器官出問題。

▼ 感覺比以前疲勞、倦怠。即使睡了一覺也無法消除疲勞。

▼ 食量變得比以前大，體重一路增加。或是胃口不好，體重持續減輕。

▼ 變得很容易感冒。一直莫名其妙地發低燒。

▼ 高血壓或異位性皮膚炎、氣喘等老毛病毫無原因地惡化。

▼ 出現暈眩、耳鳴的症狀。

▼ 經常感到原因不明的心悸或呼吸困難。

與壓力源保持距離

如果已經搞清楚產生壓力的原因，為了心理健康，最好盡量消除那個原因，或是保持距離。

比方說，倘若壓力來源是要負責處理棘手的客戶，如果可以，不要負責那位客戶無疑是最好的解決方案。如果無法如願，也不用勉強自己，不妨向主管或同事求助「拉開彼此之間的距離」。如果負責人不只一位，光是保持距離就能減輕壓力。

實際**給自己一段時間遠離壓力源**也很有效。倘若壓力來自於職場，就算只有半天也好，不妨在不會影響到工作的前提下請年假休息一下。反之，如果是因為家裡出了什麼狀況，下班回家的路上去咖啡廳休息個三十分鐘也能有效地放鬆。

同時盡量消除身體的疲勞也很重要。請容我再重複一遍，身體與心理的關係十分緊密，因此心靈脆弱時，身體通常也會很疲勞。一旦察覺到壓力訊號，就要好好地利用睡眠或飲食療癒自己，盡速消除身體的疲勞。

多吃點有營養的食物，好好地睡一覺，就能迅速恢復內心的能量指數。

內心的能量指數低落時，不要再增加生活上的「變化」也很重要。如前面說的，變化會產生壓力。因此出現壓力訊號時，請盡可能避免增加新的變化。

　　舉例來說，接下新的工作、開始學習新的事物、減肥或戒菸、出遠門旅行等行為都很容易增加壓力，所以要盡量避免。

　　另外，出現壓力訊號時，請優先處理自己「想做○○」的事，極力減少「非○○不可」的事。「非○○不可」的行為等於是鞭打自己勉為其難，所以會高度地消耗能量。

　　出現壓力訊號時，不妨對自己好一點，優先處理「想做○○」的事，生活得稍微率性一點。就算平常是自己份內的工作，能拜託別人就拜託別人。或是試著與對方交涉，晚一點再處理。

　　如果已經做了這麼多努力，壓力訊號還是遲遲不消失就要注意了。倘若壓力訊號持續長達兩週以上，幾乎對工作或日常生活造成影響的話，請立刻去看醫生，千萬不要拖。假如內心已經出現警訊，請去看身心科或精神科；假如是身體出現警訊，哪裡不舒服就掛哪一科，請醫生診治。

◆
不妨也善用「壓力檢測」

前面為各位解說了如何利用「心靈電池」來檢查自己內心的能量指數、利用「壓力訊號」掌握身心狀況的方法。

為了從更綜合、客觀的角度審視自己內心的壓力，也可以善用「壓力檢測」。

壓力檢測是 2015 年日本勞動安全衛生法修法時，針對員工人數達五十人以上的企業，要求企業主每年都要進行一次壓力檢測。這個方法可以全面衡量職場上的壓力，因此請務必積極地善用。

日本厚生勞動省有個「五分鐘就能完成職場上的自我壓力檢測」的網站（http://kokoro.mhlw.go.jp/check/），任何人都能輕易地接受壓力檢測。

上述的壓力檢測一共有五十七個項目，根據回答的結果分成「壓力的成因」、「壓力引起的身心反應」、「影響壓力反應的因素」等三大類，以雷達圖的方式顯示。依此判斷是否有綜合性

五分鐘就能完成職場上
的自我壓力檢測

233

壓力檢測的結果（舉例）

壓力的成因

心理上的工作負擔（量）

心理上的工作負擔（質）

成就感

受試者感覺工作適合自己的程度

自覺到的身體負擔程度

受試者善用技能的程度

職場上的人際關係壓力

工作的可控制度

職場環境帶來的壓力

壓力引起的身心反應

活力

身體不舒服

心浮氣躁

憂鬱

疲勞

不安

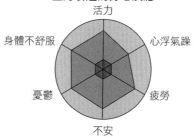

影響壓力反應的因素

來自主管的支持

工作或生活的滿足感

來自同事的支持

來自家人或朋友的支持

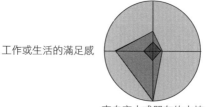

※ 中間顏色比較深的部分是
「要注意區間」

的「高壓力狀態」。

　　此外，再從結果鎖定「壓力的成因」是否來自職場上的壓力。透過「壓力引起的身心反應」可以仔細地了解心理的壓力反應。透過「影響壓力反應的因素」則可以探索職場與私生活雙方的人際關係對壓力的影響。

　　不只一年一次，只要感到「總覺得最近心情不太美麗」，隨時都可以輕鬆地測試。壓力測試最主要的目的在於具體地「察覺到」自己的壓力。倘若結果顯示自己處於高壓力狀態，建議就要找職場上的產業醫師或保健師、當地的身心科或精神科等醫療院所求助。

寫在最後

非常感謝各位看完這本書。

身為精神科醫生、產業醫師，我在這本書裡鉅細靡遺地寫下我從過去遇到的所有人身上學到的事、發現到的事、想告訴每天都在努力奮鬥的各位讀者的事。

如同開頭提到的那樣，職場上的同儕壓力非常大，在公司上班的人總是在追求人際關係的「和諧」，另一方面又非得持續做出個人的成果或業績才行，真的非常辛苦。

只可惜不管研擬再多對策，也無法完全消除上班族的壓力。因此請務必參考本書的內容，聰明地應付每天層出不窮的各種壓力。

我想在這本書的最後提出「三個R」以做為與壓力和平共處的指針。

▼「Rest」：休息與睡眠

▼「Relaxation」：放鬆

▼「Recreation」：散心

依序進行這三個 R 具有非常重要的意義。

第一個 R 是「Rest」。當心靈或身體感受到壓力，請先好好休息，讓身心有時間喘口氣。本書已經詳細地解說過了，擁有高品質的睡眠與飲食，讓身心好好休息是對付各種壓力時最重要的不二法門。少了這個不二法門，就算做各種傳說中對消除壓力再有效的放鬆法或散心法都不會有任何效果。因此感受到壓力時，請先徹底地 Rest。

第二個 R 是「Relaxation」。這是指緩解身心緊張，讓自己處於輕鬆、悠閒、舒適的狀態。像是躺在沙發上滾來滾去，悠閒地睡午覺、做日光浴，或是與親近的家人或親朋好友聊天，徜徉於令人心曠神怡的大自然中，做點不會對身體造成負擔的伸展操、按摩等等，都屬於這個範疇。

一旦產生壓力，全身的肌肉都會緊繃，血壓上升、心跳加速，精神狀態也會變得比平常敏感。正因為如此才需要「好整以暇地緩解身心緊張的時間」。

順帶一提，長時間玩遊戲或沉迷於社群軟體、上網都不算Relaxation。本書也解說過，接觸電子產品的時間太長是造成眼睛疲勞、肩膀痠痛、頭痛等身體不舒服的原因，在社群軟體上的交流也會對精神造成負擔。壓力太大時最好盡可能縮短使用電子產品的時間。

第三個 R 是「Recreation」。這是指做運動、蒔花養卉、聽音樂會、看電影、買東西、旅行等各種玩樂及興趣、娛樂活動。有些年輕人一感到壓力就立刻投入這些休閒娛樂，但是如果不先 Rest、Relaxation 就直接投入休閒娛樂、運動的話，只會讓身心更疲勞。

我以前在某家公司擔任心理治療師時，就遇到過有員工忙完一波壓力非常大的長時間勞動，立刻請了特休出國旅行，沒想到回國後隨即陷入身體和心理都不舒服的狀態。這大概是因為沒有先利用 Rest 和 Relaxation 消除身心的疲勞就直接出國旅行。出國旅行固然很開心，但也是要一再經歷非日常的「變化」、「緊張」的體驗，耗盡了所有的體力。

請先透過睡眠與飲食好好地 Rest，安撫疲累的身心，再度過能緩和緊張的 Relaxation 時光，如果還有餘力的話，再享受Recreation。請依照以上的順序，有智慧地消除壓力。

　　例如忙得焦頭爛額，被時間追著跑的平日也要有意識地盡可能讓自己 Rest，到了週末假日再配合自己身心疲憊的狀況，臨機應變地計畫 Rest → Relaxation → Recreation 的行程如何？

　　為了能永遠神采奕奕地在組織裡工作，最重要的莫過於成為你自己身心的「好老闆」。敏銳地察覺內心發出的訊號及聲音，好好地自我保健，照顧好自己。

　　但願閱讀本書的各位讀者都能好好地控制壓力，每天都能過著健康、開朗的日子。

2021 年寫於春陽和暖的東京

奧田弘美

我心態好好

作　　　者：奧田弘美
譯　　　者：賴惠鈴
責任編輯：黃佳燕
內文插圖：福田玲子
封面設計：耶麗米
內頁排版：王氏研創藝術有限公司

總 編 輯：林麗文
副 總 編：黃佳燕
主　　編：高佩琳、賴秉薇、蕭歆儀
行銷總監：祝子慧
行銷企畫：林彥伶、朱妍靜

出　　　版：幸福文化出版／遠足文化事業股份有限公司
發　　　行：遠足文化事業股份有限公司（讀書共和國出版集團）
地　　　址：231 新北市新店區民權路 108 之 2 號 9 樓
郵撥帳號：19504465 遠足文化事業股份有限公司
電　　　話：(02) 2218-1417
信　　　箱：service@bookrep.com.tw

法律顧問：華洋法律事務所 蘇文生律師
印　　　製：博創印藝文化事業有限公司
初版一刷：2023 年 11 月
定　　　價：380 元

KAISHA GA SHINDOI WO NAKUSU HON IYANA STRESS NI MAKEZU
KOKOCHIYOKU HATARAKU SHOHOSEN written by Hiromi Okuda
Copyright©2021 by Hiromi Okuda. All rights reserved.
Originally published in Japan by Nikkei Business Publications, Inc.
Traditional Chinese translation rights arranged with Nikkei Business Publications, Inc.
through Bardon-Chinese Media Agency.

國家圖書館出版品預行編目 (CIP) 資料

我心態好好 / 奧田弘美著 . -- 初版 . -- 新北市：幸福文化出版社：遠足文化事業
股份有限公司發行，2023.11
ISBN 978-626-7311-86-8(平裝)
1.CST: 職場成功法 2.CST: 工作心理學 3.CST: 壓力
　494.35　　　　　　　　　　　　　　　　　　　　112017107